经典科学系列

可怕的科学
HORRIBLE SCIENCE

能量怪物
KILLER ENERGY

[英] 尼克·阿诺德／原著　[英] 托尼·德·索雷斯／绘　阎庚／译

北京出版集团
北京少年儿童出版社

著作权合同登记号

图字:01-2009-4327

Text copyright © Nick Arnold

Illustrations copyright © Tony De Saulles

Cover illustration © Tony De Saulles，2009

Cover illustration reproduced by permission of Scholastic Ltd.

图书在版编目(CIP)数据

能量怪物 /（英）阿诺德（Arnold，N.）原著；（英）索雷斯（Saulles，T. D.）绘；阎庚译 . —2 版 . —北京：北京少年儿童出版社，2010. 1（2024.10 重印）

（可怕的科学·经典科学系列）

ISBN 978-7-5301-2360-7

Ⅰ.①能…　Ⅱ.①阿…　②索…　③阎…　Ⅲ.①能源—少年读物　Ⅳ.①TK01-49

中国版本图书馆 CIP 数据核字（2009）第 183426 号

可怕的科学·经典科学系列

能量怪物

NENGLIANG GUAIWU

［英］尼克·阿诺德　原著

［英］托尼·德·索雷斯　绘

阎 庚 译

*

北 京 出 版 集 团

北 京 少 年 儿 童 出 版 社　出版

（北京北三环中路6号）

邮政编码:100120

网　址：www . bph . com . cn

北 京 少 年 儿 童 出 版 社 发 行

新 华 书 店 经 销

三河市天润建兴印务有限公司印刷

*

787 毫米×1092 毫米　16 开本　9.5 印张　50 千字

2010 年 1 月第 2 版　2024 年 10 月第 59 次印刷

ISBN 978－7－5301－2360－7/N·148

定价：22.00 元

如有印装质量问题，由本社负责调换

质量监督电话：010－58572171

目 录

怪物驾到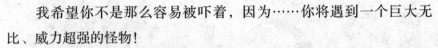

我希望你不是那么容易被吓着，因为……你将遇到一个巨大无比、威力超强的怪物！

这是一只很老很老的怪物（是的，它甚至比你的科学老师还要老得多得多）。事实上，它是如此之古老，简直和时间同龄。这个怪物最神奇的地方就是它总是在不停地运动着，却从没有人见过它的庐山真面目——但是今天，我们要揭开它神秘的面纱！

这个怪物就叫——能量。

能量怪物无处不在。是它让星星闪光，让篝火燃烧，从慢性子的人到风驰电掣的太空船，它能让所有的东西都动起来。但是，别以为它是个热心助人的绅士，不是！请你先深深吸口气，然后接着往下读……如果你胆量够大的话！

有些时候，能量怪物是一个残忍而又疯狂的杀人恶魔，它可以用几百种可怕的方法来摧毁人类。当然，普通的科学书不会详细论述那些令人作呕的细节，但是，我们这套书是《可怕的科学》丛书嘛——这意味着你能了解到任何自己想知道的问题的真相。

▶ 杀人的能量是怎样让人类在放屁的时候点着火的……

▶ 为什么这个人要把油腻腻的脂肪当早餐吃……

▶ 为什么这个科学家要使劲灌醉老鼠……

▶ 而且，再加上电影《宇宙的终极命运》。（这部片子是不是已经破坏了你的美好假期？）

严重警告！

这本书包含了大量血腥的事实、过激的言辞和嗜血如命的形象。这些内容可能会惹怒老师和其他一些敏感的人。

即使如此，仍希望你能坚定地看下去。现在，你还有能量接着往下翻吗？

嗯……好吧，接着往下看吧。

能量迷雾

　　你大脑的活动是靠能量驱动的吗？呵呵，这个要命的问题能让你的大脑飞速运转起来吗？准备好了吗？问题来啦……下面这些物体有什么共性？

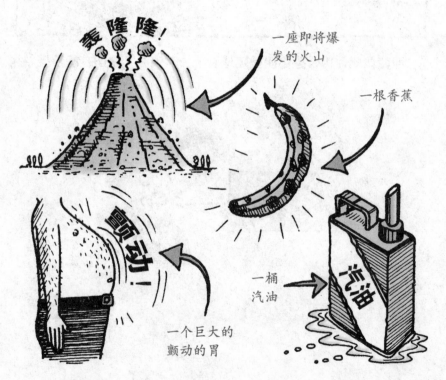

一座即将爆发的火山

一根香蕉

一桶汽油

一个巨大的颤动的胃

　　答不出来吧，放弃了吗？

　　好的，告诉你吧——它们都贮存着能量。

　　火山贮存着热能和动能。当火山爆发时，你在逃跑时需要大量的动能。香蕉是极好的能量贮藏室，这就是有些网球运动员在每场比赛之前至少吃6根香蕉的原因。汽油是燃料，它能提供燃烧的能量。鼓出来的胃含有大量脂肪，这是一间食物能量的贮藏室……

现在，我们想问问老师，能量到底是什么？可是，我们简直找不着一个可以告诉我们正确答案的老师，不信你看……

那么，只好让我来解释一下这个问题了。

能量怪物档案

姓名：能量

基本特征：

1. 能量是一种动力，能让物体移动。既然宇宙万物都是运动的，也就是说它们全都被能量驱动着。

对我来说一切都像是希腊语那样难以理解！

2. 能量一词在希腊语里是活动的意思。

煤

3. 能量以许多种形式存在……

▶ 燃料、食物以及其他化学物质里都贮存着能量。

这里贮存着能量。

5

▶ 势 能

岩石蕴藏着能量，这种能量会让岩石滚下山去。

▶ 动 能

让我们期盼着此人能有大量的动能吧。

▶ 热 能

热量是能量的一种典型的存在形式。

还有，声、光、电、磁也是能量的表现形式。告诉你吧，能量怪物是无处不在的！

能量逸事：

执行死刑的所有方式都要用到这样或那样的能量，就像你看到的……

取人性命的刀蕴藏着向下落的能量，它会随时下落。

到目前为止，我们知道，能量能让物体移动，并且有多种不同的存在形式。但是，有的人却不这么认为，你可能想象出来，过去有多少科学家对能量有着错误的认识吗？下面有4位科学家正在讨论关于能量的问题……

关于能量的大讨论

著名古希腊哲学家亚里士多德（公元前384—前322）

不那么著名的古希腊哲学家阿那克萨哥拉（公元前500—前428）

德国科学家治乔·恩斯特·施塔尔（1660—1734）

德国科学家、哲学家、数学家、历史学家，多才多艺无所不知的戈特弗里德·莱布尼茨（1646—1716）

之所以带有能量的物体能够运动，是因为它们被一种伟大的、看不见的意识所驱使，这种意识叫理智。

那绝对是胡说！是看不见的圣灵使物体运动的。

哼！我根本看不见它的存在！

不是说了吗？它根本看不见！你这个大笨蛋！

啊！

你们全都错了！活着的物体运动是因为生物体内有一种精神。

　　这些想法是那么不切实际，简直就像个傻瓜先用刮胡刀刮一只狮子的鬃毛，再狂奔5000米，然后大叫："我剃得怎么样啊？"实在太不明智了！真傻！一直以来，大批的科学家（他们都是各自为战的）不懈地研究，直到19世纪50年代，终于有科学家对能量有了较为科学的认识。当时，有些科学家提出了热力学定律。要是你以为他们是研究保暖内衣的，那就大错特错了，你需要赶快看看下面的章节⋯⋯

揭开热的面具

热力学听上去有些神秘，但在这一章里，你会发现了解热力学是极其容易的。千万不要告诉你的朋友们有多好理解，就让他们以为你是个科学天才好了。

能量怪物档案

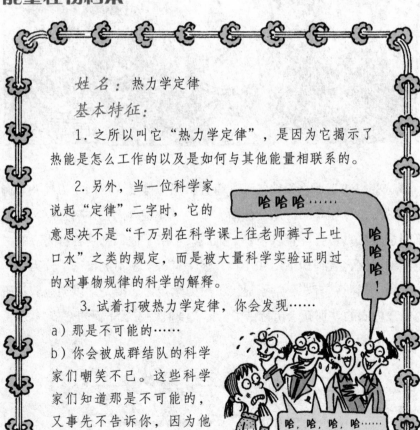

姓　名：热力学定律

基本特征：

1. 之所以叫它"热力学定律"，是因为它揭示了热能是怎么工作的以及是如何与其他能量相联系的。

2. 另外，当一位科学家说起"定律"二字时，它的意思决不是"千万别在科学课上往老师裤子上吐口水"之类的规定，而是被大量科学实验证明过的对事物规律的科学的解释。

3. 试着打破热力学定律，你会发现……

a）那是不可能的……

b）你会被成群结队的科学家们嘲笑不已。这些科学家们知道那是不可能的，又事先不告诉你，因为他们想让你成为大笨蛋。

哈哈哈……

哈哈哈！

哈，哈，哈，哈……

能量逸事：

为了研究出这些定律，有位科学家都变疯了。希望你或许能幸运一些……

热力魔鬼！
不要惊慌！
胡说八道！
笨蛋！

这个定律到底说了些什么呢

让我们认识一下哈维·塔克吧，他是澳大利亚最著名的新闻工作者——当然，也是最肥胖的新闻工作者（还是最懒的）。

天天运动！

以后，他将一直进行有关能量的调查研究工作。但是现在，可以让哈维给咱们解释一下这个定律到底是怎么回事……

热力学定律

好，我不是特别热衷于热……热什么来着？对，热能，但是，别担心，我最爱在互联网上冲浪了。

呦，怎么这么难啊！好好好，这里可以下载点儿东西……

第一定律 能量是守恒的，它不会被谁制造出来，也不会被谁消灭。但是热能可以给动能提供动力，而动能还能够再转化成热能。这多么公平啊！假设我在工作，那么我就产生了大量动能，这就会使我觉得很热。所以，我最好还是坐在原地不动，来节省我的能量。嘿嘿！

动力

热能   能够再转化   动能

火热
的太阳

热量总是沿着
这一方向移动

第二定律 热永远只能由热处转到冷处（在自然状态下）。于是，来自太阳的热能把我的冰镇啤酒给弄热了。道理很明显，如果热量能从冷的地方向热的地方移动的话，我的啤酒就会在太阳的照耀下越来越冷——这不是胡扯吗？现在，我都觉得有点儿饿了。

冰镇啤酒

第三定律 你无法在低于−273.15℃的情况下变得更冷——这一温度被称为绝对零度。科学家们说，当物体处在这个温度时，就没有热能了。幸运的是，我还从没赶上过这么低的温度呢。现在，我怎么觉得那么冷呢？

第二定律告诉我们，得有温度更低的东西才能使热量转移，所以，在绝对零度，你不能让任何东西变得更冷。

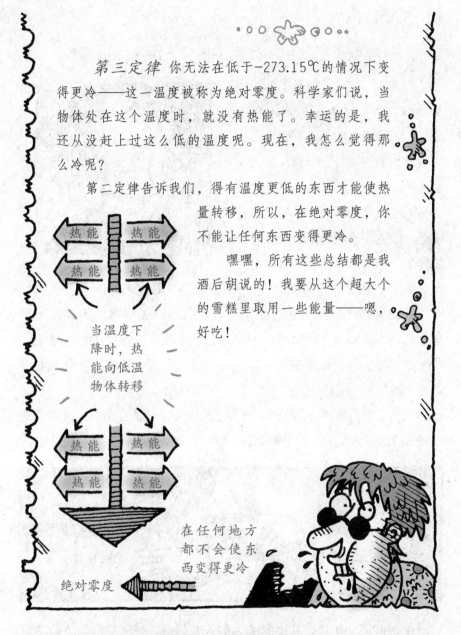

当温度下降时，热能向低温物体转移

嘿嘿，所有这些总结都是我酒后胡说的！我要从这个超大个的雪糕里取用一些能量——嗯，好吃！

在任何地方都不会使东西变得更冷

绝对零度

我们将在下面两个章节里了解到第二定律和第三定律的具体内容。现在，让我们着重看一下第一定律吧。你知道吗？最早研究热力学定律的科学家是通过观察人的血液得出研究结论的。是的！这是真的！让我们来看一看这血腥的事实吧……

科学家画廊

尤利乌斯·罗伯特·迈尔（1814—1878）国籍：德国

"别动，我好像割开了你的一条动脉！否则你将因流血不止而死！"一位年轻的医生脸色发白地呵斥着。他正举着一个碗，靠近一名水手的胳膊，鲜血正从这名水手粗壮的胳膊上一滴滴地不停地流进碗里。医生手里的碗渐渐地被鲜血装满了，他的手哆嗦着。这些鲜红色血液像是通过高压动脉血管从心脏里直接喷射出来的。

此时，水手的脸上勉强挤出一丝微笑。这是痛苦的笑容，因为鲜血仍在不断地从他的胳膊上涌出来，水手被高烧折磨得极度虚弱。"大夫，咱们的血流出来后，总是这么红。我真不理解，为什么它总是这个颜色？"

当他正在百思不得其解时，医生已经放下了盛满血的碗。接着，他用肮脏的绑带紧紧绑住水手的胳膊，试图止血，可血还在慢慢往外渗。

在19世纪40年代，欧洲的医生们普遍相信一种医学理论，就是最好的治病方法是割破患者的静脉血管，给患者放血。但是，当迈尔此次在停靠爪哇岛的船上给生病船员放血时，他发现从患者身上流出的血是鲜红色的，而通常从静脉里流出的血应该是暗红色的。当时的人们还不知道，尤利乌斯·罗伯特·迈尔的这个偶然发现是人类历史上一次伟大的进步。

可是，这一发现也几乎毁了迈尔。

迈尔可不是个幸运的人。他在学校时学习成绩就不好，后来，因为参加了一个秘密社团组织得罪了老师，被大学开除了（现在的老师们比以前的宽容多了，所以即使你参加了什么莫名其妙的社团，也不用担心会被学校开除）。

迈尔几年之后又被允许回大学念书了，他学习了医学并最终成为一名随船的医生。在19世纪40年代，他在爪哇岛的船上当医生。望着从水手身上流出的鲜红的血，他陷入了深深的思索。下面是迈尔写给自己最好的朋友——他的哥哥的一封信，其中写到他关于血的困惑……

雅加达，爪哇岛，1841年

亲爱的弗里兹：

记得我上次信里提到过的鲜红色的血吗？我一直忘不了这件事。我根本无法停止去思考这一问题，现在，我已经有了结论了！

1. 鲜红色的血里含有氧。人要生存下去，体内就需要氧——这就是我们必须不断呼吸的原因。

2. 那位水手胳膊里的血是鲜红色的，说明里面有氧的成分。既然静脉是把血液从身体各处运回心脏的，那么也就意味着这位水手的身体比往常所用的氧要少很多。

氧

3. 我认为人体靠氧来保持一定的体温。但是，当气温过高时（就像这里的天气一样——很抱歉，汗水都滴在信纸上了），人体就需要少一些的热能，所以就需要少一些的氧了。是的，我认为我找到答案了。你觉得呢？

　　　　想你的　迈尔

雅加达，爪哇岛，1841年。

亲爱的弗里兹：

　　我又给你写信了。知道我又发现了什么吗？——我又有了一些新的想法！

　　1. 我认为人体像需要氧一样需要食物，这样才能产生热能。（就像火焰需要燃料和氧气才能燃烧一样。）

　　2. 这就意味着能量可以从一种形式转换到另一种形式。是的，我推断，能量一定贮存在食物里，当食物被人吃到体内后，能量就会转换成热能和动能。

迈尔是正确的，不止正确了一次，而是连续正确了两次！——他获得了两个伟大的成功：不但指出了人体是怎么使用能量的，而且还发现了热力学第一定律（记住，这一定律揭示了热能和动能之间的关系）。按常理来说，其他的科学家都应该被他的发现震惊了，迈尔应该一下子就出了名，而且，从此以后，他就会活得很开心……真的是这样吗？

对不起！本书属于《可怕的科学》丛书，在这里，没有美好的童话故事！事实是这样的：迈尔写了一篇论文，并把它寄给了一本科学杂志社，但是，这家杂志社没给他回信。没有人相信他，因为他并未做过任何科学实验来证明自己的理论。于是，迈尔开始日积月累地学习更多的科学知识，后来，他终于用更多的科学语言重新写成了那篇论文。但是，到了那时候，有一篇文章却已经发表了，并且署名是另一位科学家，他提出的观点和迈尔一样。

于是，围绕着谁是热力学第一定律的奠基人这一问题，科学界展开了激烈的争论……

你肯定不知道！

1. 和迈尔争奠基人位子的对手里，有一名英国人，叫詹姆斯·焦耳（1818—1889）。詹姆斯的家庭极其富有。他从来没去学校上过学，他家里甚至请来了当时顶尖的科学家约翰·道尔顿（1766—1844）做他的家庭教师。（你也可以问问爸爸妈妈，可不可以让你离开学校不去上学了，让他们给你雇个家庭教师专门在家教你。）

> 我还想再玩3个星期呢！道尔顿。

> 当然可以了，尊敬的詹姆斯先生。

2. 詹姆斯·焦耳自己有个私人的实验室，专门进行各种能量实验。1843年，他用桨不断地划水，测量了水在不同时间的温度并记录了下来，用这些数据证明了动能可以转化成热能。

3. 今天，科学家们用焦耳作为表示能量的单位，1焦耳的能量可以让你把一个苹果举到1米高——你能做到吗？

> 继续！

> 哎哟！

> 你能做到！

现在，咱们再回头看看悲惨的迈尔吧……

迈尔的运气一直不好。他坠入了爱河并结了婚，可没想到，他总共有7个孩子，却有5个病死了。后来德国发生了革命，迈尔的哥哥弗里兹用钱支持了革命，但是，迈尔却因为反对革命被抓进了监狱。当然，他很快被保释了出来，可一出狱就和哥哥弗里兹吵翻了。随着自己在科学领域的巨大挫折，迈尔的命运变得越来越不幸。在一个心情很不好的日子里，他决定自杀。虽然最终自杀没能成功，但他的家人认为他已经疯了，就把他送进了精神病院。迈尔被锁在精神病院里，整整待了10年。

我已经发现了热力学的第四定律——就是别告诉任何人前三条定律是什么！

仅仅几年之后，科学家们渐渐地相信热力学第一定律是正确的。最后，当迈尔已成为一名半死不活的老人时，英国皇家学会——英国最权威的科学机构，终于颁发给他一枚金质奖章。说起热力学第一定律，这里有一个小实验来证明它的科学道理。来吧，试试看，那是非常容易的！

你敢发现热力学第一定律吗

你需要的小工具有：

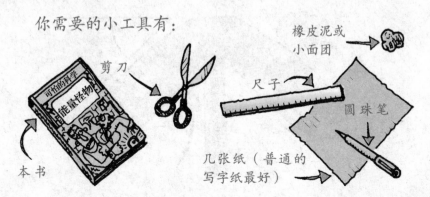

橡皮泥或小面团

剪刀

尺子

圆珠笔

本书

几张纸（普通的写字纸最好）

请按下面步骤做：

1. 在纸上按下面的形状画一个草图，用尺子比着，沿折叠线画一条直线。

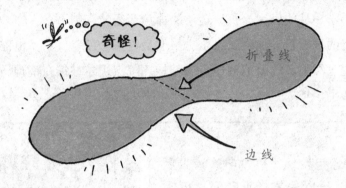

2. 沿着草图的外形剪出这一形状。即使手边没有纸，也千万别用我们这本书，如果这本书是从图书馆借来的，就更不能用了。沿着上一步画出的折叠线折一下纸，然后再摊开。

3. 把橡皮泥或小面团粘在桌子上，再把一支圆珠笔粘在上面，让笔能直立在桌面上。注意，一定要让圆珠笔垂直于桌面（可以用尺子检验一下）。

4. 把纸片折成下图所示的形状，折好后把它平衡地放置于圆珠笔尖上，使折叠后垂下的纸片的边与水平线呈45度角——一定要仔细进行这一步骤。

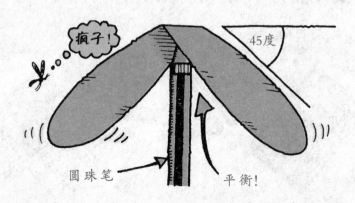

5. 过一两分钟后，仔细观察这张纸片发生了什么变化。然后，把自己的双手放在圆珠笔的两边，并用手指搓动圆珠笔使它转圈（如果你的手比较凉，那就先把双手合在一起搓，直到感觉手热起来）。

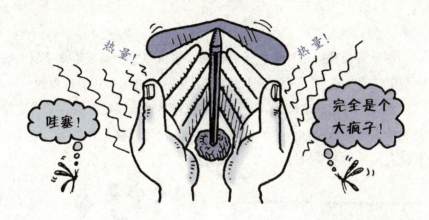

你能看到什么？

a）纸片将前后摇摆不定。

b）纸片转得嗖嗖作响。

c）纸片先转动然后又停住了。当我把手放在它旁边搓动笔杆时，纸片又转动起来，而且转得比刚才更快了。

答案

c）纸片是被热能驱动的。它刚开始转动是因为房间里有通风设备或是因为它正在笔尖上找平衡。但是，当你搓动笔杆，手上的热量向上升起，纸片就会继续转动。这一实验证明了热力学第一定律是正确的，即热能可以使物体移动。

说起热能还真巧，下一章就要讲到这一主题了……你觉得暖和点儿了吗？

可怕的热能

本章将为你揭示神奇热量的秘密，包括热力学第二定律是怎么影响全宇宙的，还有，一根平常的腊肠是怎么改变人类历史进程的……

到底是什么来着？你不记得第二定律是什么了吧？好，第二定律说的是热能会从一件较热的物体向较冷的物体转移。有关第二定律的事我们还将在本书的最后一章中做介绍。

在这个实验里，热能从较热的地方——你热乎乎、黏糊糊的手上——移动到较冷的地方——空气中。

哎呀呀！

这第二定律可厉害了，它无时无刻不在影响着宇宙中的万物。请看这杯热茶……

热腾腾！

我的茶准备好了吗？

根据第二定律，所有的热茶时刻都在丢失着热量。换句话说，它在不停地变凉。如果你对着热茶吹一吹，它就会凉得更快。你呼出的气体挤走了热茶上方的热空气，热茶产生的热能会更快地移动到较冷的空气中去。

呼！

科学笔记

较热物体与较冷物体的温度相差得越大，热能在二者之间移动的速度就越快。

半小时以后，这杯茶变得温温的没那么热了。

微温的！

哦，我的茶到底好了没有？

一个小时以后，这杯茶变得冷冰冰了。

冰凉的！

哦，完蛋了！

唯一能让这杯茶再热起来的方法就是重新加热它——换句话说，就是给它增加些热能！在这杯茶身上发生的一切也在宇宙万物中发生着。是的，热力学第二定律适用于任何事物，从银河系到肉汤，从河马到热水瓶，所有的东西永远都是从热往凉变化的。你的身体此时就正在失去热量，而宇宙另一边的外星人飞船也同样如此。

米 我们正在失去热量，船长！

米 这再一次证明了第二定律！

使物体保持热量的唯一途径就是补充更多的热能。那就意味着你最好吃更多的奶油蛋糕（虽然你不喜欢吃），还要好好地消化它，把它转化成热量，以补充你今天已经失去的热量。有关热力学第二定律，我们将在第136页加以介绍。现在，先让我们来看一个非常热门的话题吧……

能量怪物档案

姓名：热能

基本特征：

1.通过高倍显微镜观察这些头皮屑碎片（是的，用世界上最高倍的显微镜），你将看到组成它的极小的原子。

2.这些原子在不停地振动着。这种振动就是我们所说的热能造成的，而且原子的温度越高，它们运动起来就越快。看懂了吗？

振动

能量逸事：

1.在绝对零度（-273.15℃）时，这些原子就停止运动了，即使是极微小的运动都没有。这时，这些原子根本就没有热能。

2.极低的温度可以保存死去的尸体——这一内容在第38～40页会有详细的介绍，到时候，我们将送给你一片冰凉的骨头碎片，嘿嘿。

从没见过这么热门的理论……

你简直无法想象，当今科学家们如此吹捧的热能理论，在早期却马上被打入了冷宫。让我们来认识一下瑞典科学家皮埃尔·普雷沃（1751—1839）。

有些人认为火热和寒冷都是隐形的物质——他们管冰冷的物质叫作冷质。

废话！很明显嘛，冷的必然是缺少热量的……

哦，是的，热的物质叫作热质。

这里说的热质当然是热空气的载体，但是，人们却一直不知道普雷沃的理论实际上是错误的，直到后来，美国的科学家——本杰明·汤普森，也就是拉姆福德伯爵（1753—1814）经过艰苦的研究之后，才指出了普雷沃理论的错误之处。当年，普雷沃作为政府内阁成员参加了德国的巴伐利亚战争，在监造大炮时，他经常看到用钻头钻出的炮筒。每当这时，大炮筒的温度就会变得非常高，如果你相信普雷沃的热质说，一定以为过不了多会儿大炮就将把自己的热量耗光了，可实际上并不是这样。所以，拉姆福德伯爵相信热量不可能是一种物质——它一定是能量的某一种形式。这种能量就好像你摩擦自己的双手时感觉手部更暖和一样，用钻头钻出的炮筒也会产生热量。1798年，在英国皇家学会的一次会议上，拉姆福德伯爵自豪地宣布了自己的新发现，但是，没人注意他的观点。他们一定是烦得不行了。

让人眼花缭乱的温度计

　　用来表示物体冷热程度的物理量被称为温度（希望你能牢牢记住这一事实）。在温度计还没被发明出来之前，早期的科学家要想计量热能可是非常困难的。我们几乎搜遍了所有的科学用品商店，终于找来了这些古老的精品温度计……

科学用品
商店

大甩卖

希望你们学校的教具没这么古老——即使你的科学老师是这么的古板。

充气检温器是意大利天才伽利略·伽利雷（1564—1642）发明的，它用空气和水来测量温度。

阿尔伯特·爱因斯坦的眼球

伽利略的头盖骨

26

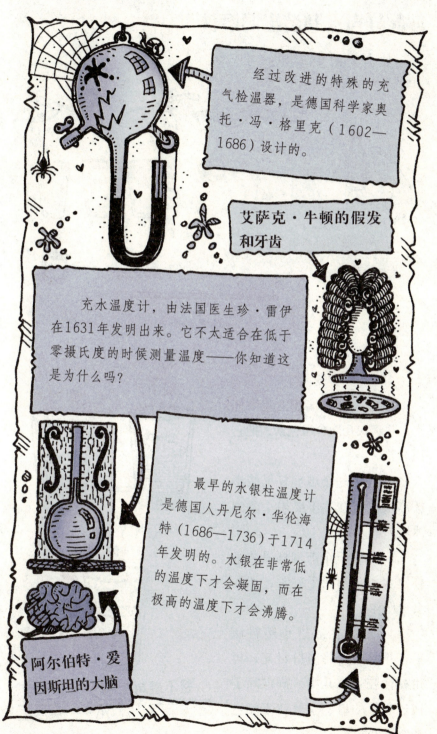

经过改进的特殊的充气检温器，是德国科学家奥托·冯·格里克（1602—1686）设计的。

艾萨克·牛顿的假发和牙齿

充水温度计，由法国医生珍·雷伊在1631年发明出来。它不太适合在低于零摄氏度的时候测量温度——你知道这是为什么吗？

最早的水银柱温度计是德国人丹尼尔·华伦海特（1686—1736）于1714年发明的。水银在非常低的温度下才会凝固，而在极高的温度下才会沸腾。

阿尔伯特·爱因斯坦的大脑

你怎样自己制造出温度计

你需要的小工具：

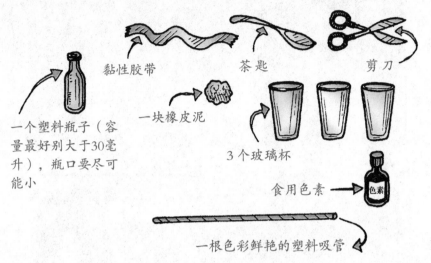

黏性胶带　　　茶匙　　　剪刀

一个塑料瓶子（容量最好别大于30毫升），瓶口要尽可能小

一块橡皮泥

3个玻璃杯

食用色素

一根色彩鲜艳的塑料吸管

请按下面步骤做：

1. 往一个玻璃杯里装半杯水，并滴入几滴食用色素，把它搅匀了。

2. 往另一个玻璃杯里装半杯冰块（注意，不要用手碰到冰块）。

3. 往第三个玻璃杯里装半杯热水（也别用手碰它，那样会烫伤你）。

4. 把吸管插进小塑料瓶里，用橡皮泥将瓶口封死，再用黏性胶带缠几圈，确保除了通过吸管的口，空气就不能进到瓶子里去。

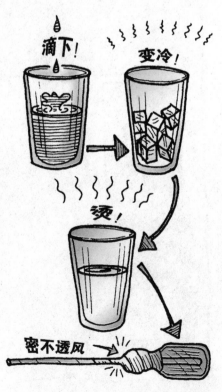

滴下!

变冷!

烫!

密不透风

5. 轻轻地挤压塑料瓶子，将吸管从上面插进掺了色素的水里，带色的水会被吸进吸管。停止挤压瓶子，再把它头朝上立起来，你将看到在吸管里有一段带颜色的水柱。

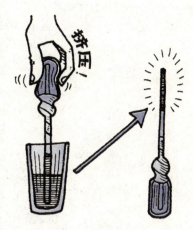

6. 接下来，把这个带吸管的瓶子以同样的方法先放进第二个玻璃杯的冷水中，再放进第三个玻璃杯的热水中。

你观察到了什么？

a）吸管里的有色水柱在冰水里会变长，在热水里会变短。

b）吸管里的有色水柱在热水里会变长，在冰水里会变短。

c）吸管里的有色水柱在冰水里颜色会变浅，在热水里会变深。

答案

b）还记得第24页介绍过的振动的原子吗？当你让瓶子里的空气变热时，原子就有了能量，并试图向各个方向运动——想象一下，那情形就好像有一个班的同学在课间休息的时候迫不及待地向外跑的样子。

热空气的原子往吸管外跑，所以它们使吸管里的水柱也变长了。如果空气是冷的，原子就缺少了热能，那么它们就不会往任何地方跑——就好像全班同学在一个寒冷的日子里挤在一起取暖的样子。

空气的压力从上往下压进吸管，压得水柱变短了。

你肯定不知道!

据说，伽利略制作检温器的构思在他去世的时候是写在手稿上的，这张纸片混杂在众多稿纸里。伽利略把他的这些手稿留给了另一位科学家温森祖·维维安尼（1622—1703）。但是后来维维安尼也去世了，他的家人把伽利略的所有手稿都当成了废物，卖给当地的腊肉店，供老板包裹售出的腊肠用。后来，有位科学家来这家店里买腊肠，他读了包装纸上面的字后，一下子买下了所有的手稿，其中也包括那张写有检温器设计构思的手稿。就这样，伽利略的伟大发明才得以幸存下来——谢谢腊肠吧！

这是伽利略的发明吗？要包上它吗？

是的，就用包腊肠的纸包它！

温度的故事

1. 即使拿到了伽利略的手稿，科学家们仍有一些问题需要解决。他们虽然制造出了检温器，但是却都不认可用某种刻度来计量温度。科学家们纷纷想用自己的衡量标准来计量温度，这无疑造成了极其热烈的大辩论。

2. 第一个被广为认可和使用的温度计量单位是咱们的同党丹尼尔·华伦海特——猜猜看，为什么叫他同党呢？

3. 华伦海特把在实验室里通过混合化学物质所能产生的最低温就叫作0°F（°F，即华氏度），这意味着水在32°F的温度下结冰，人体的正常体温在96°F（就是水结冰温度的3倍）左右。但是，华伦海特并不正确，按他的计量标准，其实人体的正常体温应该大约是98.6°F。像咱们做错数学题一样，他的计量工作也有错误。

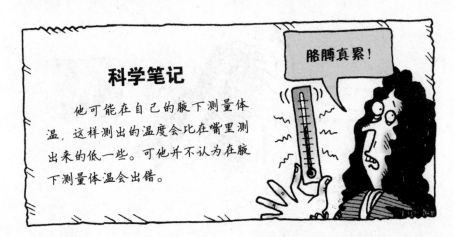

4. 华伦海特的计量单位即华氏度（°F）至今仍在英、美等国被广泛运用着。但是，世界上其他国家和地区所使用的温度计量单位却是另外一种，是由瑞典科学家安德斯·摄尔修斯（1701—1744）发明的。有人管这一计量单位叫作摄尔修斯度，而自它发明出来后，它的官称就叫摄氏度了。

安德斯是一位天文学教授的儿子，从小就对数学和自然科学特别感兴趣。他热爱探寻未知世界，曾经两次徒步穿越芬兰北部。在那里，他研究了极光现象，并证明了北极点是一块狭长平坦的地方。

5. 安德斯提议把水沸腾的温度定为0℃，冰融化的温度定为100℃——对，你可能已经看出毛病来了，他的提议正好与现在通用的完全相反，也不知道最后是谁把它们又颠倒过来的，而后来的计量标准似乎更为科学。

说到冰，接下来会有许多与它有关的介绍。在下一章里，你将看到在千分之一秒的时间里，一杯茶就结成了冰！你穿得还算暖和吗？

冰冷的世界

科学是不是让你怕得直打冷战？现在，你会发现，其实科学真的可以是冰冷的——而且是超级寒冷的！本章和下一章要讲的就是关于热能丢失以及低温科学的内容。

大冰冻

记得热力学第三定律吗？就是你不可能在低于绝对零度的温度下变得更冷（如果不记得了，就再回去看看第13页的内容）。你以前肯定不知道，有位研究这一定律的科学家在年仅10岁的时候就成为大学生了。虽然他已经死了很多年了，但是在这里，我们可以再见他最后一面……

科学家画廊

威廉姆·汤姆森，即开尔文勋爵（1824—1907）

您的第一个数学方面的新发现是由另一位科学家在学术会议上宣读的——为什么您不亲自宣读呢？

当时我还只有10岁——那肯定是我躺在床上研究出来的。

您最终成为格拉斯哥大学的教授……

我正在和一名学生谈话。

是的，我从那以后一直从事研究工作。

您在大学当了多久的教授？

53年——直到我耗尽了所有的能量，死去了。

您从事电学和能量学的研究，并一直研究热力学的第二定律和第三定律……

是的，当时，这方面的研究是十分热门的。

您利用自己在数学方面的才能，计算出在低于绝对零度的情况下物体不可能再变冷了。

开尔文氏零度

是的，绝对零度被人们称为"开尔文氏零度"——多好的名字啊，是不是？

您建议从大西洋底铺设一条电报电缆，后来这条电缆赚了大钱。

是的，是这样的。告诉你们，我愿意回答任何问题。

当然，在科学研究的过程中，您也犯过一些错误……

呃？

您宣称太阳的热能来自煤的燃烧。

我想知道太阳的热能烧尽了没有。

你肯定不知道！

1. 开尔文氏度的每个刻度其实和摄氏度的刻度相同，但是，它也有不同于摄氏度的地方——它是从绝对零度开始计量的。这一计量单位用于精确地测量原子的热能，它之所以用这位伟大的科学家的名字来命名，是因为这位科学家自己建议给它起这个名字。

2. 汤姆森因为对科学的贡献而被尊为开尔文勋爵。他常用格拉斯哥一条很小的河的名字在自己的文章上署名（当地人管此河就叫小河）。所以，直到今天，许多苏格兰科学家测量温度时，都会用"小河"一词作量词。

指出不同之处：

开尔文——小河

一只热盘子，其温度有许多开尔文

开尔文勋爵和小河

欢迎来到极寒世界

如果你是那种特别不怕冷的人，那么现在就赶紧穿好保暖内衣和羊毛袜子，和我们一起欢度一个极冷的假日。度假的地点就在绝对零度地带。哦，有个坏消息要告诉你：这一地带在地球上可不存在，为了到达那里，你得来一回太空旅行！

你肯定不知道!

由于缺少太阳的热量，太空里的温度只比绝对零度高出一到两度。在那里可实在是太冷了，如果小便的话，尿出来的尿液马上就会变成金黄色的、美丽的、水晶类的固体。当问及宇航员所能看到的景象哪种最美时，他回答道：

当然是黄昏时落下的尿块。

现在，咱们看看有关寒冷的广告：

冰多美公司

赠 品

喜欢冰凉刺激吗？那就买本款超冷氦气（就是我们常充进气球里的气体，能让气球高高飞起），它的温度低到了−269℃。可以用它来吓唬你的小猫咪和小伙伴，因为它会转变成液体，会从装它的罐子里向上喷出。

小小提示

千万别让小猫咪掉进这种超冷氮气里，否则你将得到一只冻僵的小宝贝。

喜欢冰激凌吗？简直等不及冰激凌冻好，就想吃到它吗？试试用超冷液态氮——温度是-196℃！1997年，一位英国科学家使用这种超冷液态氮，只用了10秒钟就制作成了美味的冰激凌！尝了这种冰激凌的小朋友们都说："味道好极了！"有个厨师先生说：

它不是特别贵，也不含过多的奶油，但是吃起来的确很像传统方法制作出的冰激凌。

小小提示

氮不会破坏冰激凌的口感。当氮遇到空气时，就转变为氮气，然后挥发掉——这其实正好，因为空气里本来就有大量的氮气。

顺便说一句，如果你正想自己制作冰激凌，那就应该知道，要是把手指放入液态氮里，手指不但会被冻坏，而且还会一下子折断呢。还有，你知道吗？有很多人计划将来在液态氮里浸泡自己死后的身体，以此保存遗体，这成了一种时髦的选择。英勇无畏的记者哈维·塔克就曾经有过这样的冒险……

哈维·塔克历险记

英勇无畏？是说我吗？别吹牛了！好吧，我来解释一下。我给《生活在边缘》杂志写专栏文章已经很久了。我在文章中描述了自己从直升机上蹦极的事，和大白鲨搏斗的事，穿越无人荒漠的事……我和大白鲨近距离接触的英勇形象还上了《探索》频道的电视节目呢。

这些事够危险了吧，对不对？但是，当杂志社的编辑得知这些故事时，却连一点儿同情和怜悯都没有。她冷冷地写信给我，命令我写

愤怒的编辑

一些关于低温学的专栏文章，就是"当人体处于极度冷冻状态的时候"会出什么事。坦率地说，我可不觉得这有什么好玩儿，听起来就浑身起鸡皮疙瘩。但是我可不怕什么困难，我最擅长卷土重来、重新开始了。很快，我就制订出一套完美的计划。我决定亲自伪装成尸体！我的搭档莎莉·斯马特自愿扮成死者家属，她真是个好演员！我所要做的一切就是躺下来听别人的对话。于是，我往衣服口袋里装了

莎莉

五大包炸薯片和好多三明治，这样我就不至于在棺材里感到饥饿了。

于是，我在葬礼公司的停尸房里一心一意地装死人。

"我们要做的，"我听见有个医生说，"就是放干尸体的血，再用防冻剂和其他一些化学药品补充进去……"

我感到有些许的不舒服。是的，我不喜欢医生说的什么放血之类的事，而且，我还觉得非常非常的饿。

这时，只听医生接着说："接下来，我们得把尸体放入液态氮里保存起来，这样就可以去除尸体里的所有热能。那些细菌在造成尸体腐烂之前，也随着所有热能的丢失而全部被杀死了。接着，咱们再用科学的方法让'哈维的碎块'逐渐温暖起来，恢复生前的一些体征……"

"哈维的碎块？"天啊，我可不想当什么哈维的碎块！

这时，我听到莎莉开口了，她的口气里充满对医生的怀疑："但是，那些化学药品会不会损坏尸体？尸体内部会不会形成冰晶？是不是会损坏得无法恢复？"我都忘了莎莉本身就是一名在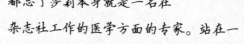杂志社工作的医学方面的专家。站在一边的医学院的学生中有人解释说："是的，是有这个问题，但是我们敢肯定，将来的医学一定能有办法恢复这些破损……或……希望是这样的。"

在他们争论时，我冒险睁开了自己的一只眼睛，偷偷看了看这间停尸房，发现好多尸体碎块被装在各种大大小小的瓶子里面，瞬间，我感到汗毛都快竖起来了，浑身直起鸡皮疙瘩。我觉得自己简直比那些尸体还要冰冷。

"这么做要花多少钱？"莎莉问道。

医生回答说："那要取决于你想保留全尸还是半尸——保留全尸要花10万美元，保留头只花5万美元。这可是优惠价了。"

还要切掉我的头？我是不是快疯了？

"快别闹了，伙计！"我"噌"地一下从棺材里坐了起来。

"啊！"医生和学生们大叫着全都跑了出去，而莎莉则挂着一脸冰霜，瞪着我。从那以后，她对我的态度就变得越来越冷淡了。

低温学在美国是十分流行的一门学科，已经有大量的尸体或头颅被冷冻保存了起来，还有许多人把他们宠物狗的尸体用这种方法保存了下来。但是，也有一些专门提供这项服务的公司破产了（可能是经济低迷的直接后果），而原本冷冻保存的尸体却无人管理，自行解冻后，就腐败变臭了。

当然，你可不能自己动手去找一大桶液态氮来试着装尸体。要想找到冷冻好的尸体也不难，你知道吗？在地球两极的寒冷地方，就有大量冻僵保存下来的尸体。你可以赶快翻到下一章，看看那些尸体是怎么到那里的，当这些尸体保持低热能时，会有什么事情发生。是的，接着往下看吧，你应该能有一些"毛骨悚然"的新发现……

"冷酷"杀手

本章的内容感觉上比上一章的要稍微暖和点，可也还是让人感觉够冷的。在这一章，充满了恐怖、冰冷的故事，还有水和人体是怎么因为缺乏热能而冻住的……

你能成为外科医生吗

假设你是名外科医生，你的病人的大脑里长了个血管瘤，这个血管瘤就要爆炸了，颅内压的变化绝对能要了病人的命。你的病人要死了，你该怎么办呢？最好赶快决定：

a）打开病人的头盖骨，往病人颅内注入液态氮，将血管瘤冻住，不让血液再流动。

b）打开病人的头盖骨，把冰块固定在颅内的血管周围，不让血管瘤再继续膨胀了。

c）用冰块将病人的身体整个包裹起来，直到他的体温降到极低，放掉他一半的血液，然后给脑部进行手术。

答案

c）慢慢地降低病人的体温，那么病人从血管里需要的供氧量也就随之减少（事实上，降温还可以用于治疗多种人体的外伤，它能给人体一段时间，让其自愈）。然后通过放血，就可减缓血管瘤膨胀的速度，获得时间去对血管瘤进行手术。在20世纪60年代，一位日本的脑外科医生把病人的大脑放在6℃的低温下，放出脑部的血，在如此低温下给脑部做了手术，然后再为大脑补充温热的血。

你肯定不知道！

　　1983年，科学家在南极洲的"东方"基地记录下了-89.2℃的低温。这个温度到底低到什么程度呢？举个例子说吧，如果你把一大杯沸腾的热茶倒向地面，那么在它们到达地面之前就已经变成味道不错的茶冰块了！

　　想不想到冰天雪地的世界里度个假呢？好，如果你能去那里，会发现自己住在整块冰砌成的旅馆里。下面是"冰旅馆"的一份广告：

度过欢乐的一天，就在——

冰旅馆

瑞典北部

❄ 一个真正冰冷的好地方！

❄ 你肯定能得到最"冰冷"的招待！ 嗨！

对不起，我们没做热可可。

❄ 在冰吧里来点儿冰块（冰吧也是用冰砌成的），饮料全是冰凉的（提供多种由冰制成的容器）。

❄ 在奢华的卧室里放松自己吧！

＊＊＊＊ 小小提示 ＊＊＊＊

　1. 你的卧室和床都是用冰制作的！如果用中央空调取暖，整个旅馆都会被融化掉，所以，你的卧室只能是冰冷的。不过，你可以得到一个舒适的床垫和一只睡袋，我们保证当你戴个大厚帽子躺在床上时，没人敢笑话你！

　2. 别再回来打搅我们——到了春天，我们的旅馆就会完全融化掉。不过，我们保证，到了冬天，一定会再建起一座冰旅馆！

那么，这些东西有了能量能做什么呢？

能量怪物档案

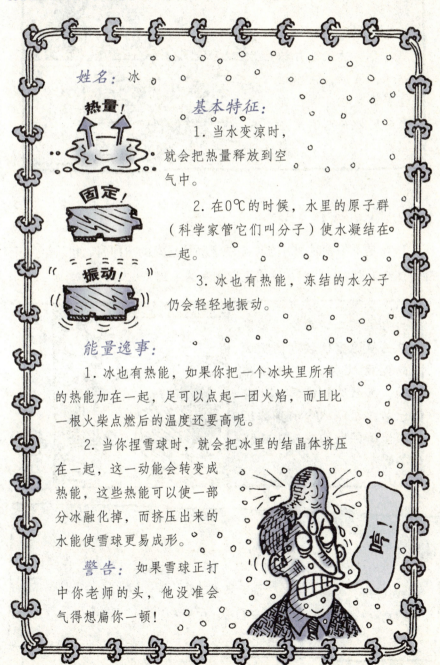

姓名：冰

热量!

固定!

振动!

基本特征：

1. 当水变凉时，就会把热量释放到空气中。

2. 在0℃的时候，水里的原子群（科学家管它们叫分子）使水凝结在一起。

3. 冰也有热能，冻结的水分子仍会轻轻地振动。

能量逸事：

1. 冰也有热能，如果你把一个冰块里所有的热能加在一起，足可以点起一团火焰，而且比一根火柴点燃后的温度还要高呢。

2. 当你捏雪球时，就会把冰里的结晶体挤压在一起，这一动能会转变成热能，这些热能可以使一部分冰融化掉，而挤压出来的水能使雪球更易成形。

警告： 如果雪球正打中你老师的头，他没准会气得想扁你一顿！

哼!

43

关于健康的严重警告！

有件危险的事得提醒大家一下——池塘总是从边缘处开始结冰，所以，在冰面上行走实在危险！你很有可能掉进冰窟窿里去！

啊！

洗个冰水澡吧！

打扰老师喝下午茶

现在是下午茶时间，当你敲响老师休息室的房门时，也许老师正准备往红茶里加一些刚从冰箱里取出来的牛奶……

热力学第二定律说，热量总是从温度比较高的物体向温度比较低的物体移动，那么冰箱是怎么让自己的热量从冰冷的身体里向温暖的室内空气中转移的呢？

什么？

答案

即使老师听懂了你的问题，她要向你解释清楚也得花费很长的时间，等她讲完了，按照热力学第二定律的原理，她的热茶也得比西伯利亚的雪人还要凉了，而你就可能处在水深火热之中了。

冰箱是怎么工作的

冰箱内部的管子里装有化学物质，这些物质会在管子里释放出气体。这一转变过程需要热能，所以它会吸收冰箱内部的热量。

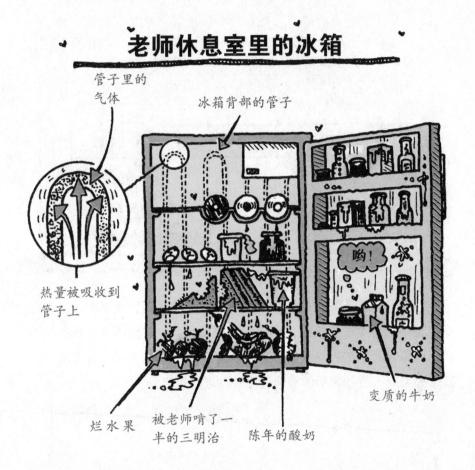

老师休息室里的冰箱

管子里的气体

冰箱背部的管子

热量被吸收到管子上

烂水果

被老师啃了一半的三明治

陈年的酸奶

变质的牛奶

事实上，冰箱加热的物体比它冷却的物体还要多呢。气体被抽气泵压进冰箱背部的管子里，这使它变成了液体，而且这一过程还把它从冰箱内部吸取的热量释放了出来。如果你认真地计算一下抽气泵排出的热量，就会发现冰箱产生的热量要比它从食物中吸取的热量还多一些。

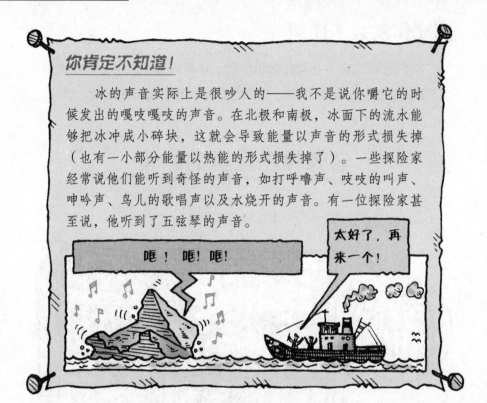

你肯定不知道!

　　冰的声音实际上是很吵人的——我不是说你嚼它的时候发出的嘎吱嘎吱的声音。在北极和南极，冰面下的流水能够把冰冲成小碎块，这就会导致能量以声音的形式损失掉（也有一小部分能量以热能的形式损失掉了）。一些探险家经常说他们能听到奇怪的声音，如打呼噜声、吱吱的叫声、呻吟声、鸟儿的歌唱声以及水烧开的声音。有一位探险家甚至说，他听到了五弦琴的声音。

　　当然，在那些寒冷的地区，可以听到很多动植物发出的声音。可是谁也不如首席记者哈维·塔克发现的声音多。在他为了写低温学的稿子而假装死尸的行动失败以后，就一直羞于去北极对一位著名的冒险家弗戈斯·费尔莱斯的极地逃生经过进行报道。

哈维·塔克历险记

　　我告诉她我受不了那里的寒冷，我去真是太冒险了!

　　我在离一个很好的酒吧几百千米之外的地方，又冷又饿……

　　不骗你，绝对是又冷又饿，那时我已经想不起任何别的东西了，我想，最好还有一杯红葡萄酒，这样可以暖暖身子。你知道吗？我流出来的鼻涕都结冰了，两个鼻涕冰柱在我鼻子外边挂着！

　　没办法了，我决定打开一罐太妃糖，因为这时候必须吃点儿东西补充能量了。可是糖也冻得又冷又硬，几乎把我的牙都给咯掉了！我费劲地把那些糖渣子从牙里刷出来，可是连牙膏都给冻得坚硬无比！天啊，这是个什么鬼地方啊！

　　哎，我决定跳过逃生这一课，于是我拿出自己的书来开始阅读。我看了半天，觉得这本书肯定是某个忧郁的英国医生写的，那里写的关于寒冷的事，我觉得我也可以用一些内容在我的文章里。

第一种疾病已经被发现

H.格里姆格拉夫博士　著

第14章　寒冷的影响

　　只有那些傻子才会认为一个人如果太冷就会感冒。事实上，寒冷能够杀死引起感冒的细菌。每年我都会被一些烦人的特别爱浪费时间的人埋在雪里。他们说就是因为他们被埋在雪里才得上感冒

47

待续　➡

的，既然我不相信，那就让我试试。我只不过是个博士，可是他们却希望我能治好他们的病。

在雪地里迷路的人，最可能得的不是感冒，而是冻疮。当人受冻时，皮肤下的血管就会闭合，这样就能保证身体有足够的热能。感知物体的神经末梢此时也停止工作，所以冻得时间长了，人的全身往往会失去知觉，这就叫冻伤。因为氧气到达不了那些部位，当然，氧气也会慢慢减少。有一些更为严重的情况，那就是冻伤甚至可能导致皮肤起水泡并且变黑。

最近，我的同事思尼克博士度假时老去滑雪，

过了一会儿，受冻的部位就开始腐烂，并且散发出臭味。

这个傻东西竟然忘了穿保温袜，结果他的大脚趾被冻伤了。还好，只是个脚趾冻坏了，哈哈！我在电话里建议他尽量避免为了生热而去搓脚，因为这很有可能把脚磨坏了。

我告诉他说："你应该把脚泡在一盆热水里，并且找个医生给你看一看。"

思尼克博士

他说："我是博士，谁的学问会比我高？"我说，你还是去找医生看一下吧，因为人家毕竟在这方面有专长，虽然你是博士，也有不如人家的地方。在严重冻伤的情况下，那些受冻部位可能会被冻得掉下来（如果把这些人放在一起就可以组成一个完全健康的人，哈哈），或者可能会被截掉（用一些粗俗的人的话说就是被砍掉）。如果读者当中有谁的手指或脚趾

已经掉了，那么就请您把它捐献给我的私人医疗收藏馆，只要它的价值不超过一只胳膊或是一条腿，我都可以付您一定的报酬。

比冻疮更致命的是身体的变凉（我们医生把这种情况叫作体温过低）。当然，每个冬天我都会遇到一些假病人，他们老说自己感到有点儿寒冷，冷得要命。我想，实际情况可能不是这么回事，他们可能是被冻成这样的，而不是体温过低症。通常情况下我都会安慰他们，建议他们多喝点儿热东西，穿得暖和一些。多做运动也许对他们有好处，所以我通常都会让那些抱怨天气冷的孩子们跑上8000米，他们通常跑完6000米后，就会停止流鼻涕！

一些傻子可能会得上真正的体温过低症，他们

典型的傻子

通常穿得不很暖和就到寒冷的地方去，所以得上一些病也是难免的。当身体变凉时他们就会浑身抖得特别厉害。他们感觉自己很热，甚至想脱掉衣服。

当他们的大脑冻坏之后，他们就会产生一些幻觉。其中有一个傻子甚至给我打电话说，他觉得自己像一包卡片！看到他病成这样，我就告诉他说，过一会儿我就去看他。那些患体温过低症的人需要慢慢地暖和起来，这样才能避免身体受到更严重的损害。当然，他们真正需要的是用高热烘烤！

也行，就抄他的吧！当读到"体温过低"时，我浑身打了一个冷战。这时，我忽然想起，打冷战是体温过低的一个表现！于是我赶紧抱紧睡袋，这样才稍微感到有些暖意，我心里一直犯嘀咕：我到底是不是体温过低啊？我决定通过吃一块特别大的比萨饼来增强我的体质，可是这个饼却冻得跟一块石头似的！真是倒霉！我觉得浑身冰凉，都快凉到骨头里去了。我觉得自己快要冻死了，于是写了一封遗书，心里念道：再见了，残酷的世界。可是就在这时候……

"一定要坚持下去！"我想，"也许菲戈斯·费尔莱斯会有一个网站，他会告诉我如何生存下去，如果是这样，还真值得我看一看。"

菲戈斯·费尔莱斯告诉你
在北极地区如何求生

当心冻疮 一定要保证自己的手脚不被冻坏。如果你的食指够不着大拇指，那你的麻烦就大了，因为这个传统手势表示"OK"的意思，你表示不了"OK"，就意味着你的状态不佳，不过你可以试着把手放在胳肢窝里，好让手从中取暖。把脚往上搬，让它贴在自己的肚子上，或是把它放到好朋友的胳肢窝里，这样脚就会暖和起来。

关于上厕所 如果没有暴风雪，去外面大小便还是很安全的，因为身体重要部位的血液都很流畅，都是热的，能给身体提供充足的热量，这些部位不至于像手指和脚趾那样很快就得冻疮。

警告：饥饿的爱斯基摩犬和北极熊有时会趁人们上厕所时袭击他们，你也要当心哦！

救——命——啊！当我一读到这些字时，我就想上厕所！但是，我不会去的，因为太危险了！这个地方我太不熟悉了！所以我打开无线电话求助。在我等待救援的时候，我又试着把剩下的那些太妃糖吃了下去，因为我觉得浪费它们实在是一种可耻的行为！

你肯定不知道！

1. 冻疮对早期的极地探险者来说是很致命的一种病。有一次，一位美国人罗伯特·皮尔里（1856—1920）脱下靴子时，竟然把8个脚指头给带下来了。他后来说：

再多给你几个脚指头你也很难到达极地。

你同意他说的吗？

2. 2000年，一家博物馆收到了一笔非同寻常的捐赠：米歇尔·莱恩市长将他自己的5个手指头和8个脚指头无偿地送给了博物馆。这是他在1976年攀登珠穆朗玛峰的时候因冻疮掉下来的。这位勇敢的登山者说："其实他们可能并不想要这些东西。"

3. 1991年，韩国登山者金洪斌在攀登美国麦金利山的时候被冻疮毁掉了双手，可是他仍然坚持着用双腿和牙齿爬到了山顶。

读过了这一章，在处理缺乏热量的情况方面，你也成了专家。在你进入下一章之前，可以做做下面这些要命的测试题，看你能不能迎接挑战，到达南极或北极地区。

你会成为一名极地探险家吗

1. 外边天气很冷，冻得你无法呼吸，你的小屋里也被冰雪覆盖，这时你会怎么做？

a）你就忍了。

b）用一个小型汽油喷灯将冰面融化。

c）把窗户打开。

2. 下面哪种食物能给你提供最充足的能量？

a）巧克力。

b）菠菜。

c）从动物尸体上取下来的脂肪，拌上太妃糖和香蕉。

3. 你正饿得要死，可是却没有什么可吃的，你需要吃些东西来保暖，你会首先吃什么？

a）你的传统的爱斯基摩式袜子。

b）你的狗。

c）你的弟弟或妹妹。

4. 当你到达南极时，你认为什么地方最适合贮存燃料和做饭？

a）在冰块里。

b）在用软木塞封口的瓶子里。

c）在用皮革封口的瓶子里。

1. a）你能做的也就是这些了。b）这样会耗完那些宝贵的燃料并可能引起火灾。c）这样做只会更冷。

2. c）当探险家德芙·米歇尔和史蒂芬·马丁于1994年到达南极的时候，他们吃的就是这种东西，脂肪会给你提供更多的能量，你想不想现在就吃一些呢？

3. b）选择吃狗好像比吃其他东西要差劲一些。当你把狗都吃完以后，就可以选 a），因为袜子是用动物的毛做成的。

警告：吃你的弟弟或妹妹是非常残忍的，而且可能被判死刑。

4. b）用冰来贮存燃料真是太愚蠢了，因为你需要用燃料生火来融化冰，这样才能得到贮存的燃料。1911年，一支由罗伯特·弗尔肯·斯科特（1868—1912）率领的英国探险队运用了办法 c）来贮存燃料。而他的竞争对手，一支由挪威人罗尔德·阿蒙森（1872—1928）率领的探险队则用了方法 b）。结果，阿蒙森他们率先到达南极点，而斯科特的皮革封口被冻住了，结果英国人由于缺乏燃料都被冻死了，那些冻僵的尸体至今仍然留在那片冰冷的土地上。

这些不幸的探险者们是由于缺乏热能而死的。许多科学家都会告诉你，燃料里贮存着能量。在下一章，我们要讲讲气体能量。

能源万花筒

如果没有燃料——或者说如果没有贮存在燃料里的能量，我们生存的这个世界将会变得死气沉沉，前进的步伐就会停止。天然气、石油、煤炭以及汽油等燃料是供给人热量和能源的主要来源，它们能够让人感到温暖，还能让人们吃上做熟的饭菜……

而且，这些燃料还可以保证你乘坐的汽车准时把你送到学校。

能量储存方面的问题

燃料只是能量的贮存方式之一，下面还有几种方法，但它们很可能会给那些特别爱闯祸的老师带来灾难。

菲尔受尽折磨的冒险经历

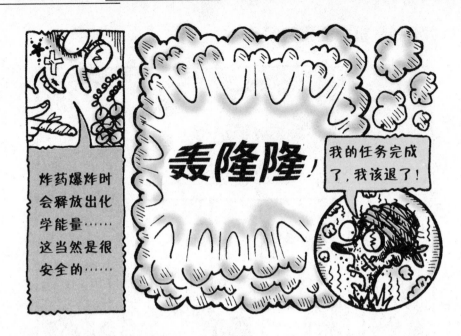

炸药爆炸时会释放出化学能量……这当然是很安全的……

轰隆隆

我的任务完成了，我该退了！

关于燃料的事实

很久以前，人们可以利用的唯一一种燃料就是木头，因为它可以燃烧。如果把火点得旺一些，它还可以把一大块猛犸肉烤熟。在公元前3000年左右，一位古埃及人发明了蜡烛，虽然至今为止没有人知道这位发明家的名字，但是他的这项发明却照亮了全世界。下面就讲讲燃烧的蜡烛是怎样释放能量的。

5. 气体燃烧

6. 火焰释放出光能和热能

4. 稍远一些的热能把蜡转化成气体（也就是把蜡烛熔化成气体）

7. 扑火的飞蛾还释放出了一些额外的热能

3. 熔化的蜡沿着蜡烛芯往下流淌

2. 火焰释放出的热能将蜡渐渐熔化

1. 蜡里面就贮存着能量（最早的蜡是用固体形态的动物油做的）

我要扑火唱悲剧！

经过这么长时间的发展，蜡烛已经发生了很大变化，其中最了不起的一个变化，就是人们可以拿着它到处走动。所以在电还没有被使用的时候，如果你是一个特别惧怕黑暗的人，那么蜡烛就可以陪伴你走到床前，成为你心头的一抹亮色。但有了蜡烛并不意味着你就拥有了亮光，要想点亮蜡烛，还必须有火源。在很长的一段时间里，人们都是用两块金属片或两块燧石互相撞击产生火花，后来，人们虽然还是用物体撞击或摩擦法来取火，但是方式方法却已经有了很大的改进……

在19世纪50年代，瑞典一个叫作约翰·兰兹特洛姆的发明家发明了火柴，并且一直沿用到了今天。火柴当然也有一种能量，它以磷的形式贮存在盒子的一侧。当火柴与火柴盒的一个侧面相摩擦时，就会产生热量，而磷在迅速受热时，就会"啪"的一声燃烧起来。（要是点不着的话，那就有可能是火柴"罢工"了，哈哈哈！）

但是，磷最初是怎么被人发现的呢？其实，人们在1669年发现磷时，那种方法还真有些令人恶心。不过，这个故事倒可能为我们谈论的话题增加一些趣味性。

黑暗中的一抹亮色

1677年，德国汉堡

"是的，奥本耶先生，我会把一切都告诉您的。既然您是本市的父母官，您就应该有能力纠正这个错误。"

一个老妇人坐在市长家壁炉旁的一个凳子上，开始向市长讲述她的故事。

"先生，我将很坦诚地向您讲述一切。我的主人叫汉宁·布兰特，他可不是什么好人。他对我们这些用人非常粗鲁野蛮，但对那些比他富有的人却总是卑躬屈膝。他跟第一个妻子结婚，就是因为贪图妻子家的钱财。他妻子死的时候，他把所有的钱都花在了科学实验上。啊，市长先生，我可不是一个长舌妇，不愿意在背后说人坏话，但我还是想告诉您，他跟现在的妻子结婚，据说也是为了她们家的钱。他常常想方设法用一些廉价的金属来提炼金子，您说他贪财不贪财？为什么会这样？他是炼金术家？才不是呢，这只不过是他对自己的称呼而已……

"在一个伸手不见五指的夜晚，我经过我主人的实验室。我当时可是穿着一身干净衣服到他的实验室里的。噢，可是天啊！我主人的衣服上却沾满了各种各样的化学物质，那里面的气味真是……哎，你就想象一下吧，那是一种什么样的气味啊！你能想象出来吗？他在那里攒了好多桶——我该怎样说才显得不那么恶心呢？还真不好表达——好多桶尿，这些尿在那里让人十分恶心。"

发出恶臭的尿　　臭不可闻

老妇人边说边带着一种特别憎恶的表情将脸转到一边去。

"当然，我们用人是不许到那里搞卫生的，但是那里的气味实在是让人难以忍受。

"就在我目瞪口呆地站在那里不知所措的时候，我听见了他的声音。我想他是在叫我，于是我蹑手蹑脚地走到了门边，刚想推门进去，却发现我的主人是在自言自语……

"'它能发光！'我听见他说，'这可是制造金子的秘密呀，竟然让我在尿中给发现了！'

"我从门缝向里望去，里面漆黑一团，但是我却能看见他那张特别兴奋的脸，因为从一个长颈瓶里发出了一种非常奇怪的光。后来，他也发现了我，他先是掐我的脖子，后来他使尽全力打我的耳光，一下、两下——他可是一个又胖又壮的人啊。他说，如果我胆敢把我所看到的告诉别人，他可是什么都能做出来的。我答应他不会把他的事情告诉别人—— 当时我是迫不得已，您说呢？

"我遵守我的承诺，把这个秘密一直保守了6年。我常常想，一个好的用人就应该什么都能看见，什么都不会说出口。那个时候，我的主人一直都在试图从普通物质中提炼出金子，他屡战屡败，屡败屡战，直到花光他妻子所有的钱。

"后来，我们受到了很大的干扰，许多炼金者都来找我们要那种可以发光的物质。他们是怎么知道这个秘密的呢？我不知道。但是我的主人喜欢在他所住的旅店里夸耀自己的发现，却要求我发誓保守秘密。"

壁炉里的火焰不断地跳跃着，发出"扑扑"的声音。老妇人屏住了呼吸，警觉地向四周看了看，然后继续讲述着她的故事。

"有一天，克拉夫特先生拜访了我的主人，他答应如果主人告诉他如何炼金，他将保守这个秘密，作为回报，他还将给我主人一笔钱。但是我的主人特别狡猾，正如他为人特别贪婪一样。他坚决不告诉克拉夫特先生如何制造那些闪光的东西，但是可以卖给他一些。他还低声笑着说，他可以多生产一些出来。

"我本来想告诉克拉夫特先生，那些闪光的东西是从尿中得来的，但是又害怕主人发脾气，所以我只是静静地坐在那里，缝着衣服。就在这时，突然间，又传来一连串的敲门声。

"原来是昆科尔先生，他也是一个炼金者，几天前曾打招呼，说要来看一看这种奇怪的物质。昆科尔先生也想购买一些金子，但我的主人却粗鲁地告诉昆科尔先生，他根本没制造出这种东西。我听见主人小声说道：'对，就是用尿做的，你现在赶紧给我滚蛋！'

"然后，他又返回来，结束了与克拉夫特先生的交易，脸上显得很慌乱。

"克拉夫特先生离开后，主人就开始跳舞，过了一会儿，他就用力拍打自己的大腿，并且突然大笑起来。

"他的朋友——旅店老板闻声而来，主人命令我去拿一些酒来。

喝完一两瓶酒后，主人醉了，他那肥胖的脸上泛出红光，在火光的映射下神采奕奕。他说话的声音也开始大了起来，吐字不清地开始吹嘘他是如何耍弄克拉夫特先生和昆科尔先生的。

"旅店老板身体向前倾斜着，引诱着主人继续讲下去：'那么那种东西到底是用什么做的呢？'

"主人爆发出一阵狂笑，笑得他那肥下巴都颤抖起来。

"'就是用尿做成的。' 他喘着粗气说，'把尿装起来，直到它发酵，并且给它加热，直到蒸发得在瓶子底部只剩下一堆白粉末，然后再接着加热！两百块钱啊——你想想吧——一罐尿就值两百块钱啊！'

主人大笑起来，笑得前仰后合、唾沫横飞。接着，他擦了擦嘴上的唾沫，非常笨拙地敲着自己的鼻子："记住吧，老朋友，记着我说的每一句话。"他喃喃地说道。

"噢，市长先生，我相信您已经知道接下来会发生什么事。昆科尔先生也制造出了属于自己的那种闪光的东西，有人说他拿着这种东西给全欧洲每一位国王和王后看，结果他发财了。现在，昆科尔先生和克拉夫特先生已经把他们发现的这种化学物质告诉给了全世界，我的主人恼羞成怒了好几天——这是他不能容忍的！所以，我到这里来，是想向您证明我的主人是第一个发现这种物质的人。

"一个好的用人是不应该发表自己意见的，但是我还是有一句话要说，市长先生。我真希望他们从来没有发现这种东西。这种物质就像地狱里的魔鬼一样，它使人们变得残忍、自私和贪婪。他们互相欺

61

骗，满嘴是谎言。为什么这么说呢？我又该如何证明我所说的这句话呢？"

这个老妇人陷入了迷茫。

"我只是一个穷苦的用人，我只能用我的方式表达这种意思，这个……"

说着，她打开一个包，慢慢地拿出一个瓶子来，瓶里有一点粉末，闪着魔鬼眼睛一样的绿光。

你肯定不知道！

1. 当磷原子遇到空气中的氧时，磷原子就会以光的形式释放出贮存在它里边的能量。虽然磷是有毒物质，但它往往被制成药片来治疗胃病和肺病。这种药片其实没什么作用，人们吃了它之后，会感觉很不舒服，而且到了黑暗处还能浑身发光。

2. 1890年，一个女孩把磷涂在身上，这样她就可以在降神会（一种集会形式，据说在这种集会上鬼都会现身）上装作鬼怪了。结果这个女孩中毒而死，也许她真的变成一个鬼怪了。

现在，欧洲和美国已经很少有人使用蜡烛和明火来照明了（提醒你一下，据说有的小心眼的老师会给自己蒙上羊毛围巾、拿着蜡烛给学生上课，因为蜡烛有毒嘛，这样的话，他们就可以借口自己中毒而不用送学生回家了）。

我们主要还是通过木炭、天然气或石油等得来的燃气或是电力来照明。我特别邀请了一个专家来回答你可能提出的问题。

可怕的科学提问时间

由能源系的伯纳德·波义尔回答问题：

63

它是由恐龙的骨头形成的吗？

不是，但化石燃料的确是从古代生物演变而来的。木炭是古代的大树形成的，这些大树经过漫长的岁月，在沼泽中浸泡了约两亿七千五百万年的时间，并且在其中腐烂，这样才形成了今天我们所看到的木炭。我今天带了一些木炭来让你们看一下……

真酷啊！

为什么木炭是黑的呢？

是的，我能认出它就是木炭。

经历过很长时间以后，大部分树木都会腐烂，留下来的主要都是一些黑炭。

天啊！

石油和天然气也都属于化石燃料，它们主要是由腐烂的海洋小生物变化而来的，这些小生物都是好几亿年前沉到海底的，它们的残留物中，一些被细菌变成了天然气，另外一些则变成了石油。

这么说，我爸爸的汽车里有海洋生物了？

嗯，我闻起来都觉得有点腥味了！

你们的烹调老师是用天然气做饭吗？

我不知道，我们从来没有吃过她做的饭……

所有的化石燃料都很好烧，在能源工厂，人们烧化石燃料来产生热量，这样就能够把水烧开，形成水蒸气了……

那，你要煮开吗？

我怎么会煮开呢？噢，你说的是水吧，那当然了！

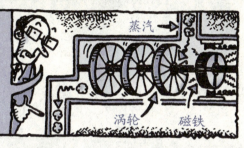

水蒸气会推动涡轮机的叶片飞速旋转，涡轮机转动一块磁铁，从而产生电流。

蒸汽→

涡轮　　磁铁

问题是，化石燃料，特别是石油，只够用50年左右了……

你是说石油很快就会用完吗？

不不，我还会在这里待上两个小时。

哎呀！

你肯定不知道！

　　石油被抽油机抽到地面时，通常看起来像一层特别厚的、深绿色的黏土，有些令人作呕，这种东西叫作原油。原油里包含有很多化学物质，如石蜡、汽油和丁烷（这种东西主要是用作野营炉的燃料）。在19世纪60年代，岩油（一种含有汽油的混合物）被当成药品在市场上出售，用于治疗牙疼和鸡眼。嗨，我想如果是你，打死你也不会喝那玩意儿啊！

可怕的说法

我是鼻腔分析师。

我是散味专家。

哇！我也喜欢鼻腔，可是你那位朋友身上的气味也确实够重的！

答案

你肯定不敢面对这两个人。他们是可怕的科学家，可能会对你造成伤害。鼻腔分析师是专门研究厨用煤气的。真正的煤气没有什么气味，所以一般情况下都要往煤气里加上一些有气味的硫，使得煤气也有气味。这样，如果人们忘了关掉阀门而发生煤气泄漏时（这就叫作"散味"），一闻到气味就会马上意识到。

虽然人们常从岩石中提取天然气（其中也富含石油），但这不是天然气的唯一来源，人们还从木炭中提取做饭和照明用的天然气。我敢打赌，你肯定从来都不知道这一点，这是一个天才发明家发现的，这个人的帽子里有一种很特别的味道。

科学家画廊

威廉·默多克（1754—1839）国籍：苏格兰

默多克的妈妈非常愤怒："你这个大傻瓜，你看看你，把我这个最好的瓷茶壶都给弄坏了。你这个坏家伙，你没长眼睛啊？你真是个木头脑子！我怎么生了你这么个窝囊废呀！"（默多克的妈妈也许还说了另外一些很粗鲁的话，像我们这种文明的书都不好意思在这里写出来。）

年轻的默多克只是低着头，嘴里喃喃地说着有关他的实验的一些事情，根本没有注意到愤怒的茶壶从他耳边飞了过去，在他身后的一个黑铁炉子上撞成了碎片。

不管他做了什么，他都从这件事中得出了一个非常重要的发现。通过给炭加热（对了，他就是在他妈妈的茶壶中加热的），他发现可以得到一种可燃烧的气体，它能够产生热能和光能。那时候，默多克是一个非常喜欢实践的少年，为了使自己能够按时上学，他还自己动手用木头做了一个三轮车。这一点很让人惊奇，那是因为：

1. 他很喜欢上学。

2. 当时自行车还没有发明出来！

默多克23岁时，听说英格兰有家工厂生产世界上威力最大的蒸汽发动机，非常兴奋，于是步行了好几百千米来到英格兰伯明翰索霍区的工厂，在那里找了一份工作。老板名叫马太·博尔顿，有一天他看见默多克的帽子掉了下去，于是就想让他滚蛋——默多克的帽子掉到地上时重重地磕了地板一下，而他的帽子是用木头做的。对了，这个木头帽子也是默多克的一项发明，这证明这个年轻人根本不是他妈妈所说的"木头脑子"。

可是默多克生命里剩下的时光都在为马太·博尔顿和他的合伙人做事，这个合伙人就是苏格兰著名的蒸汽发动机的发明人詹姆斯·瓦特（1736—1819）。他几乎把他们国家所有的蒸汽机都修了一遍，并且还腾出了一些时间发明了一架蒸汽马车，找到了一种用鱼皮使啤酒变得透明干净的方法（如果你爸爸在家里有一大桶啤酒，那你就可以用这桶啤酒养一条宠物金鱼了）。

哇塞！这啤酒看起来有些浑浊……

嗯！

默多克后来又提出了用木炭制造煤气的创意。他把一块木炭放在一个罐里，把罐加热，然后把罐里的空气用一根特殊的管子抽出来，管子在外面的那一端就可以被点着。刚开始时，他用这种气体在康瓦尔郡的住处照明，后来又用它在索霍区照明。博尔顿虽然很喜欢他的这个创意，但还是制止了默多克去申请专利，以至于最后有很多人纷纷效仿他，而他并没有从中挣到什么钱。

燃料危机开始出现

你还记不记得伯纳德·波义尔所说的化石燃料会用完这句话呢？你也许听到人们讨论过这个话题。确实，地底下蕴藏着可以用好几百年的木炭，但是地球的石油和天然气就快被用完了。在20世纪90年代，全世界每年都要消耗掉几万亿吨的石油。一些科学家预言，地球所剩下的燃料已经极少极少了……

能量怪物档案

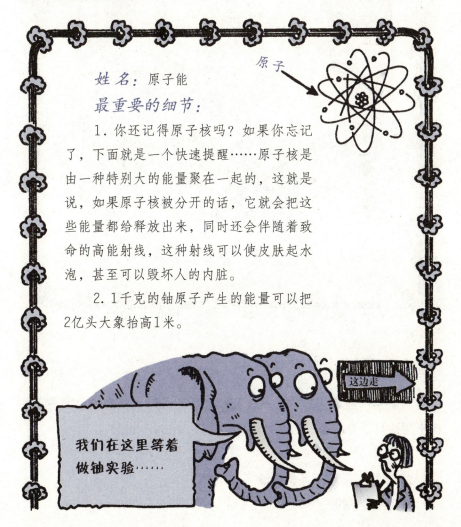

原子

姓名：原子能

最重要的细节：

1. 你还记得原子核吗？如果你忘记了，下面就是一个快速提醒……原子核是由一种特别大的能量聚在一起的，这就是说，如果原子核被分开的话，它就会把这些能量都给释放出来，同时还会伴随着致命的高能射线，这种射线可以使皮肤起水泡，甚至可以毁坏人的内脏。

2. 1千克的铀原子产生的能量可以把2亿头大象抬高1米。

这边走 →

我们在这里等着做铀实验……

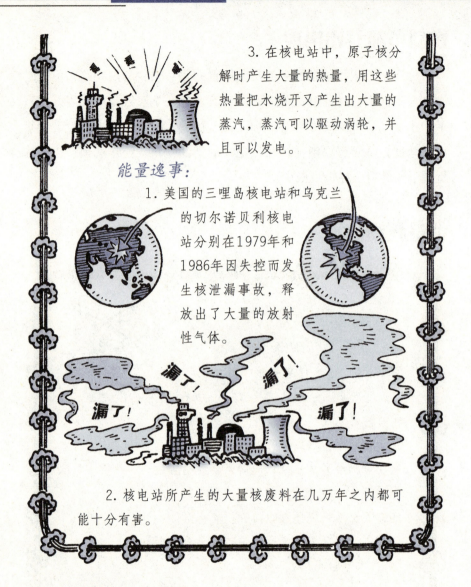

3. 在核电站中，原子核分解时产生大量的热量，用这些热量把水烧开又产生出大量的蒸汽，蒸汽可以驱动涡轮，并且可以发电。

能量逸事：

1. 美国的三哩岛核电站和乌克兰的切尔诺贝利核电站分别在1979年和1986年因失控而发生核泄漏事故，释放出了大量的放射性气体。

漏了！

漏了！

漏了！

漏了！

2. 核电站所产生的大量核废料在几万年之内都可能十分有害。

能量小测试

人们用一些不常见的材料来制造能源，你的大脑有没有能量看出以下哪些材料是从来没有人用过的？

1. 死牛

2. 食品店里的废弃食用油

3. 用过的尿布

答案

　　1. 英国有一些能源站通过焚烧生病的牛来发电，难怪炒股的说起能源股都说"牛"！

　　2. 英国曼彻斯特有一个人给他的车子加自己食品店里的废弃食用油。当然，是用化学方法转换成燃料所用的重油才可以使用的。我想，他既然这么有本事，一定还可以把汁吸干后用橘子来当燃料，哈哈！

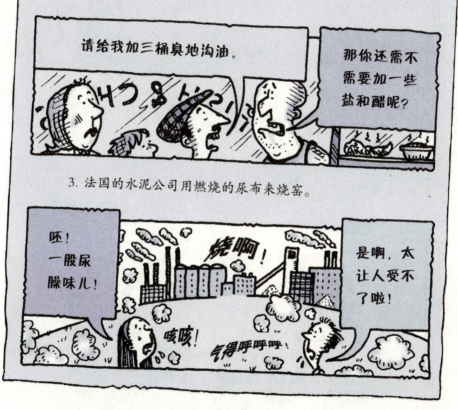

请给我加三桶臭地沟油。

那你还需不需要加一些盐和醋呢？

　　3. 法国的水泥公司用燃烧的尿布来烧窑。

呸！一股尿臊味儿！

烧啊！

是啊，太让人受不了啦！

咳咳！

气得呼呼呼！

　　你还可以利用风、波浪、潮汐以及太阳能（太阳能就是太阳的光和热）来作为能量。这些自然的能量是"可再生的"，因为它们总会源源不断地再产生。在地球深处还有另外一种可再生能源，下面就带你到地下去看一看吧……

如何建造属于自己的能源站

开场白

地热能源是埋在地下几千米深的岩浆产生的大量的热量，有了这种能源，人们就可以在冰岛上种香蕉了（在比较热的温室里）。既然这种能源有这么大的用处，那么你为什么不建造一个属于自己的能源站呢？这种能源的好处可是很多哟！

岩浆　热量
地球

开场白中有些可能说得不容易懂，我们建议你首先要仔细阅读！

▶ 有了它，就不用再为家里使用能源付出高昂的费用了。

▶ 水管里永远都有热水流着。

▶ 除了建造能源站要花费一些外（也就几亿元吧），几乎不用再投入其他的费用。

建造能源站所需要的

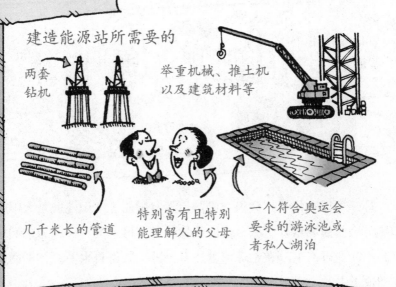

两套钻机

举重机械、推土机以及建筑材料等

几千米长的管道

特别富有且特别能理解人的父母

一个符合奥运会要求的游泳池或者私人湖泊

热岩石

房屋

管道

泳池

热水 →

操作步骤

1. 把钻机先组装起来，钻到地底下7千米深左右，直到钻头碰到滚烫的岩石，烫得足以把水烧开。

2. 别忘了把管道铺到你钻开的洞里。

3. 记得把这些管道从第二个洞里接出来，接到你家的热水系统中去，我希望你朋友的父母也接通这套管线。

4. 现在该进行最有趣的一步了。把第一套钻机上的热水管接到你家的泳池中，打开水龙头，热水就会"哗哗"地流入第一个洞里。

5. 特别热的地下水将会涌入第二个洞，流进你们家的热水系统。

警告：你可能需要调整一下水压，否则你的那些热水管可能会因为压力太大而爆裂！

糟了!

小小提示

　　如果岩浆从你钻的孔中喷涌而出，实际上你就是建造了一座火山，它喷出的岩浆能把你所在的地区和学校淹没在几千吨重的炽热熔岩中。这可是离开当地的一个好时机。

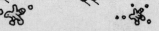

而且,如果感觉冷,你还可以搓搓手嘛,因为摩擦可以生热呀。你还记得前面所讲的大炮是怎么制造热量的吗?对了,跟那个道理一样,你的手互相摩擦时,摩擦的力量(即平时所说的摩擦力)会把这些运动的能量(动能)转换成热能——你瞧,这多容易啊!

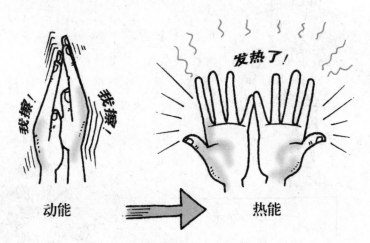

动能 → 热能

提醒一下,你在下一章中会了解到更多的动能。现在,就让我们跑步进入下一章吧!

下一章

生机勃勃的能量

你只要随便往窗外望一眼，就能发现一些运动的物体。也许你看见的是一只可爱的猫咪在追老鼠，或者是顽皮的孩子在追狗，或者是邻居们在嬉戏打闹，更有甚者，还可能是有人被杀手追杀。不管怎样，这些人都有一个共同的特征，那就是……

可怕的说法

我是研究动能的。

你是说……

我的小猫也具有巨大的动能吗？

答案

千万不要炫耀你的知识。动能是运动能量的科学术语，你所做的每一个动作都是受了动能的驱使。

你肯定不知道！

任何一种形式的动能都会导致热能的丢失，如果你不相信我说的话，那你就可以跑步试试……

观察两者的差别

运动以前
准备跑步

运动以后
浑身发热

　　机器动起来也会损失热量，关于这一点，你在第86页就会知道了。动能可以使坦克和小汽车以及彗星等一切物体动起来，真的，不骗你。它甚至可以在海中掀起巨大的波浪。海边的山体滑坡可以产生极大的动能，掀起的巨浪可以吓死人。这些巨浪从海面上气势汹汹地、一个接一个地猛扑过去，可以从海的这一边到达海的那一边，浪的高度可以达到500米！吓人吧？但是不用害怕，像这么大的浪几万年才可能见到一次。好了，不说它了，现在可以教教你怎么制作一个模拟巨浪，保证不会过分损害你们家的房子。

要不要来探索动能是怎么起作用的

你所需要的东西：

啊！

一只手电筒

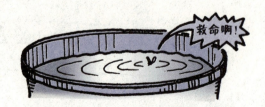

救命啊！

一个装满水的洗碗盆（最好把它放在厨房的洗碗槽中，别让水没过你弟弟妹妹的头顶）

你需要做的是：

1. 等到天黑后，把手电筒打开，从离洗碗盆大约60厘米的高度处往下照。

2. 稍微拧开一点儿水龙头，让一滴水从上面滴下来（或者你也可以用手蘸点儿水，让它在距洗碗盆30厘米的高度处往下滴）。

你看到了什么？

a）水波从中心向四周扩散，最后完全消失。

b）水波从四周向中心聚拢。

c）水波从中心向四周扩散，然后再从四周反弹回来。

答案

c）不知你是否注意到了，水波反弹回来时会产生一种不易察觉的波纹。水滴从上往下掉，落入水中时会产生动能，在水面上形成水波，水波向四周扩散的过程就是分解动能的过程，它到达盆壁时，动能已经被分解得很小了，所以波纹在返回中心时就没有刚开始向四周扩散时那么明显了。

你肯定不知道！

声能也是能量的一种表现形式，它是由声音引起的——比如你最喜欢的音乐。

有魔法的机器

使用手工操作机器可以节约大量的能源，能够使生活变得更简单。比如说，使用开盖器去开一个盖子就比另一种方法要少用好多能量……

但是很多机器都不需要很多人工能量，而是需要用燃料来开动和操作。现在就让我们去看一看祖先们用的都是些什么燃料机器……

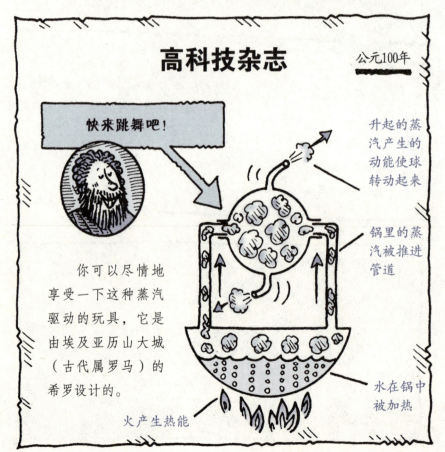

高科技杂志　公元100年

快来跳舞吧！

升起的蒸汽产生的动能使球转动起来

锅里的蒸汽被推进管道

你可以尽情地享受一下这种蒸汽驱动的玩具，它是由埃及亚历山大城（古代属罗马）的希罗设计的。

水在锅中被加热

火产生热能

这个创意说明，罗马人的蒸汽技术可能要更早一些。你可能认为，罗马人也许还造出了蒸汽火车、蒸汽轮船等，实际上他们并没有继续探索，没造出更多的东西。没有人知道该用蒸汽发动机来干些什么，罗马人也没有为如何节省肌肉的能量去动一些脑子。难怪他们要用那么多的奴隶来做重活呢！

虽然罗马人发明了蒸汽技术，但他们却没有好好利用，以至于没有人知道世界上还有一种能量叫作蒸汽。又过了1600年，一位叫托马斯·萨弗里（1650—1715）的发明家才重新应用了这种蒸汽技术。事情是这样的：有一天晚上，他喝着酒，酩酊大醉之后，随手把酒瓶扔了出去。因为他醉了，根本扔不了多远，刚好扔在一堆火上，结果水蒸气从瓶口直往外喷。虽然喝醉了，但这位老兄头脑还算清醒，他发现瓶子里的残酒都变成了蒸汽，于是又把瓶子从火里取出来，放到了水里，想让瓶子冷却下来。让他特别惊讶的是，水都被吸到瓶子里去了。这到底是怎么回事呢？

你具备科学家的潜质吗

你认为是什么原因导致这种现象的发生？

a）当瓶子冷却时，会变得比原来大一些，这样就又多产生了一些空间，水就可以进来了。

b）当空气冷却时，它所占的空间就会小一些，所以水在这时就能够涌进去。

c）依靠一股神秘的力量，酒瓶把水给吸进去了。

答案

b）你还记得吗？当空气有热能时，它会产生一股推力，而当空气冷却时，它所占的空间就会缩小一些。

萨弗里弄懂了其中的奥妙后，就设计了一个发动机，用来从井中往上抽水。在接下来的80年中，一些发明家如托马斯·纽可门（1663—1729）和瓦特对这种蒸汽发动机进行了改进，后来这种发动机力量大得能够带动任何一种机器，包括运输机器，如火车和轮船等。从此，这个世界发生了翻天覆地的变化，这一切都是因为一个喝醉的科学家和他的一个瓶子，真是平凡中见伟大啊！

下面是瓦特的一项发明，一项非常伟大的发明。这项发明非常适合把热能转换成动能（这就是前面讲的热力学第一定律）。

瓦特蒸汽发动机

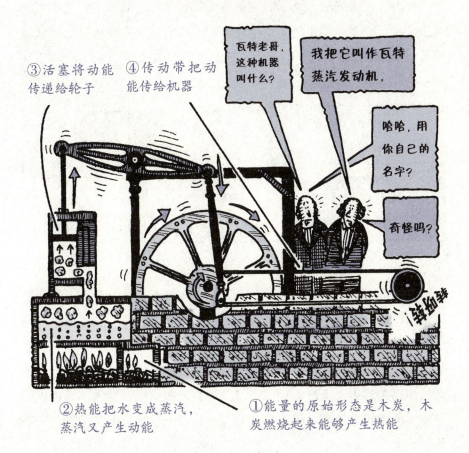

③活塞将动能传递给轮子

④传动带把动能传给机器

瓦特老哥，这种机器叫什么？

我把它叫作瓦特蒸汽发动机。

哈哈，用你自己的名字？

奇怪吗？

②热能把水变成蒸汽，蒸汽又产生动能

①能量的原始形态是木炭，木炭燃烧起来能够产生热能

有关蒸汽的几个事实

1. 发明家们都对蒸汽机很着迷。在18世纪30年代，一个名叫约翰·斯米顿（1724—1794）的11岁的小男孩观看了纽可门的机器之后非常兴奋，于是他自己造了一个蒸汽发动机模型，用它来抽他爸爸金鱼池里的水。你在家里可千万别模仿他哟！那么，这个小家伙挨没挨揍呢？结果可能让你很高兴，没有！他后来成为一个著名的工程师，还组织修建了一条运河和一座灯塔。

2. 有一些发明家，如威廉·默多克，制造出了蒸汽机车，这种车能够像今天的小汽车那样在马路上跑。1801年，默多克的好朋友、发明家理查德·特维希克（1771—1833）也造了一辆蒸汽机车，开着它到处狂奔。后来这辆车坏了，这位发明家设法把它修好了，还跑到酒吧里庆祝了一番。不幸的是，他进酒吧时没有熄灭发动机，结果水烧干了，引擎爆炸了。哎，这台发动机真是害死人喽！

3. 1894年，发明者希拉姆·马克西姆（1840—1916）造了一架巨大的飞机，它的两个机翼长达38米，使用的是蒸汽发动机。这种发动机的马力还不够大，因此飞机还飞不起来。飞机努力想离开地面，结果只飞了几厘米高，最终还是"坠毁"了。事实证明，蒸汽动力最成功的用途是运用于蒸汽涡轮机。就像你在前面所了解到的，涡轮机经常被能源站用来发电。但这是它最微不足道的用途，下面你就会知道为什么这么说了。

科学家画廊

查尔斯·帕森（1854—1931）国籍：爱尔兰

年轻的查尔斯出生时嘴里含着一个银茶匙。不过，你千万不要误会，并不是他嘴里含着一个特别值钱的餐具，我这么说的意思是指他出生在一个极其富有的家庭。他的父亲是一个非常热爱科学的天文学家，就是有名的罗斯大伯爵，拥有自己的城堡。1845年，他制造出了世界上最大的望远镜，他为此花费的钱是一个天文数字。这个望远镜长15米，虽然个头庞大，但却只能够在天气晴朗时观察天空。可是你知道，爱尔兰总是下雨，一年之中难得有几个晴天，于是它也就发挥不了太大作用了。

由于查尔斯家里太富有，所以这个公子哥也不太愿意上学，就像詹姆斯·焦耳一样请了专门的家庭教师。查尔斯对科学很感兴趣，他开始发明一些机器，制造了一个蒸汽机车让他的兄弟们开着玩。有一天他带着他的婶婶坐车玩，结果这位婶婶运气太差，从车上掉下来摔死了。

后来，查尔斯进了一家专门制造发动机的公司。他非常喜欢这份工作，以至于结婚时他突然有了一种特别浪漫的想法，想在他的蜜月期间带着新娘子到一个非常寒冷的湖去参观他新发明的涡轮发动机。查尔斯在那里大谈特谈他的许多奇思妙想和科学数据，他的新娘却发起高烧来。

在19世纪80年代，查尔斯进一步完善了他的涡轮机的构想，这种构想其实非常简单，就是用热蒸汽动力推动叶片去转动。事实上他也做到了，叶片转动得非常快。于是查尔斯又意识到，这种动力甚至可以转动螺旋桨，推动一艘大轮船。下面就是后来发生的一些事……

海军上将布卢伊特勋爵的秘密日记

1894年，我刚刚拜访了那位发明家查尔斯·帕森。这个家伙真是个科学狂人，跟他的老爸一样！我从来没听说过这么无聊、这么可笑的想法。他说他制造的船时速能够达到34海里，这可比现在任何一种轮船的航行速度都要快很多呀！帕森还说，他已经成功地做了一个这种船的模型。我告诉他说，在一段时间内（这个时间是多长还不好说）不可能有比普通蒸汽发动机速度更快的东西。因为我小时候就觉得风能确实很不错！我还看不出风能有什么毛病。

1895年我又接到了一封那个叫作帕森的小子来的信。他不断地向我的同事们宣扬他那种疯狂的想法。难道他的嘴里就没有"不行"这个词吗？那个家伙真该被绑在船底，让人用大铁锚来砸他，真是太狂妄了！他的信满篇都是胡说八道。他说他已经制造了一艘真船，想让我们大家都去看一看。这可能吗？

我是绝对不会去看的，像我们这样的海军上将都有更重要的事情要做，比如要到处巡航呀什么的，才不会去理会那个疯子呢！

1896年，请原谅我以前所写的那些东西吧——因为我的确感到特别震惊。今天是舰队检阅日。每年这个时候，当那些巨大的舰艇冒着白烟经过我们面前时，我们海军上将都会特别自豪地举起葡萄酒，敬祝我们的女王陛下身体健康。可这一次却没有，没有……

我万万没有想到，我们整个的行进队伍被一艘小船给破坏了，这个小东西竟然以34海里的时速快速地超过了我们！竟然有船比我们的舰艇还先进！这让我们的脸往哪儿搁啊？我真是太受刺激了！

我简直是气坏了，气得假牙都掉出来了！可怜的上将、老家伙斯纳夫也特别难过，结果这一整天他在检阅时，总是把望远镜拿倒了！

我后来拿着自己的望远镜仔细地看了看，结果却看见那个讨厌鬼帕森在那条特别快的小船上，他还笑着向我招手呢！这不是向我挑衅吗？当时我要是有办法的话，肯定会让我们的战舰把他掀翻到海里！可是，嗯……竟然没有哪艘舰艇能够追上他！恐怕他的那条船比我们最快的舰艇都要快很多。我的同事们看了之后都在议论，说一定要买几台这种新式的涡轮机。看来，我们整个海军都已经落伍了！我对这一切都感到很悲哀，真的很悲哀啊……

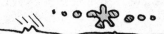

你一定很愿意听到帕森后来变得非常富有、非常著名吧？不错，的确如你所愿。只不过这个人后来把大量的钱都浪费掉了，他居然想用石墨制造出钻石来！石墨这种东西就是我们制作铅笔芯的原料。也许行家都会觉得他的这种想法不切实际，可是他这人就是特别狂，当然他认为自己的想法还是对的呢。

最后的免费午餐

几百年来，科学家们一直都在努力制造一种更为强大的机器，一种不需要任何新能源的机器，一种一旦启动就永不停歇的机器。我想，这种机器就是我那位新闻界的朋友哈维·塔克所说的"最后的免费午餐"吧，科学家们则把它叫作"永动机"。

你真是一个有心的读者啊！

请等一下，你不是在前面说过，热力学第二定律的意思是，任何东西，如果消耗了热能，就必须补充更多的其他能量吗？

嘿，你说的也对。而且，正如我先前讲过的一样，动能可以导致热能的损失，这也就是说，或早或晚，任何一种机器都可能耗光能量而不能运转。1824年，法国科学家尼古拉斯·卡诺（1796—1832）指出，由于以上原因，蒸汽发动机永远都不可能是最好的发动机。但是我没有说过永远运动是可以实现的，是不是？告诉你吧，过一会儿，科学家们就要指出这一点……

科学家之友

弗兰克·赫尔佩教授的问题专题

你是不是一个经常受问题困扰的科学家？你觉不觉得跟一些有心人探讨对你的思维很有帮助？如果是，那么就请写信给我，我保证会给你保密的，没有人会知道你给我写了些什么——当然，除了我们这本书的567 000个读者。这一周，我们讨论的话题是——永动。

亲爱的弗兰克：

　　我制造了一台永动机，但是它并没有效果。我有一点担心，那就是，我作为一个著名的建筑师，连这个问题都解决不了。你说我是不是傻子啊？

　　维拉尔·德·霍内考特
　　写于14世纪

亲爱的维拉尔：

　　你真是个大傻子！你的机轮肯定经常会停止转动，因为机轮和轮轴之间总会有摩擦力，既然有摩擦，它就不可能永远动下去；又由于摩擦生热这一原理，摩擦力会把机轮的动能转化成热能。如果你有本事把这些热能再转化成动能，那就有可能实现永动。要不然，你就把这些热能加到你的建筑中去，总不能浪费吧？

亲爱的弗兰克：

　　我是一个迷恋科学的贵族，在查尔斯国王与英国议会的斗争中，我还是国王的忠实支持者，后来我被逮捕了，已经被监禁过几次。虽然这样，但我从不后悔。不管怎样，我还是做了一个永动机轮，它是由从高处落下的球来驱动的（见我的附图）。它转动了几年，可是后来有一天，它也停止了。为什么？

87

待续 ➡

为什么？这是为什么？可以说，我的脑子转动得比我的机轮还要快，可是我就是想不出来为什么会这样。帮帮我吧。

爱德华·萨默塞特·伍斯特侯爵二世

（1601—1667）

亲爱的侯爵：

我认为你那些下落的球无助于你这个贵族制造出来的机轮。这个机轮停止转动的原因就是因为有摩擦力。详细原因请见我给维拉尔写的回信。

亲爱的弗兰克：

我已经做出了一个永动鼓风机，是用风能来驱动的，真的非常棒啊。它只有一个小缺点，那就是它只有工作的冲动却总也不能工作。如果你能给我提出一些建议，让它动起来后再也停不下来，我将不胜感激。

转动的叶轮挤压风箱，从而产生更多的风能

风吹动叶轮转动

马可·齐马拉写于16世纪意大利

亲爱的马可：

我能给你的最好的建议就是，忘掉你的永动机吧，不要再想它了。你的机器其实只能产生一些热风！这个机器上的叶轮会因为摩擦而损失能量，损失能量后就没有足够的能量来使风箱转动，它也就不可能永远动下去了。我想，换了你老这么转，你肯定会气喘吁吁的转不动了。朋友，你说呢？

确实，要想造永动机，无异于希望你们家的小狗不在拖鞋里撒尿。意大利的大天才达·芬奇（1452—1519）曾经以这样高雅的方式表达了这个不太文雅的说法：

哎，你们这些永远不知停息的学生啊！你们为了寻找一个永动机，做了多少无用功啊！

达·芬奇应该知道，他自己造的那台机器也不怎么样（千万别因为我说得很过分而惊讶得晕过去哟）。

另一个意大利科学家乔若拉莫·卡丹诺（1501—1576）运用数学方法得出，所谓的永动，根本是不可能的事。乔若拉莫的一生是传奇的一生，他是由祖母带大的，祖母对他非常严格，当他非常调皮的时候，祖母严厉得近乎残忍（我希望你的祖母不像这位祖母那样凶恶）。乔若拉莫后来成为一名医生和科学家，他声称（当然他说的是对的），火不是当时人们所想的那种物质，但是他很快就发现自己要面对一种如火如荼的命运……

1570年，由于他把研究方法带到星相学中（星相即星星的征兆），冒犯了宗教，他被教会拘捕了。那帮人折磨他，威胁他，并强迫他承认自己的错误，否则就要用火烧死他。那么他是否屈服了呢？这个问题还真没有一个确切的答案，反正到最后，聪明的乔若拉莫用一种特别明智的做法，使自己从这场麻烦中脱身了。

后来，他的一个儿子由于杀人被砍了头。不知什么原因，他又同另外一个儿子起了争执，结果他要求政府把这个儿子驱逐到另外一个城市，理由是他是个"有着不良习惯的青年"。真希望你的父亲不会对你这么严厉。

扯得有些远了，还是言归正传吧。总之一句话，任何所谓的"永动"都是不可能的，因为它与现有的能量规则是相冲突的。

那么下边的内容说的又是什么意思呢？

走入死胡同的"永动"

快来瞧，快来看！我是约翰·贝斯勒，大号叫"奥弗勒尤斯"。我用17世纪80年代最先进的技术研制出了永动机！

我奥弗勒尤斯是巫医、大夫、算卦的、造军火的、画师、造钟表的，我神通广大，造出了永动机呀！

人场参观费1马克

哇！

这可都是我做出来的啊！

这种机器经过全德国最优秀的科学家检测过两次，他们认为这种永动机是货真价实的！

你现在买下这本书，也就等于看见了这台机器，这本书大概有600页，里面写的都是说我有多聪明的话语！

奥弗勒尤斯的永动机是非常成功的

"这本书的分量真……重啊！"
——《萨克森时代》

"在我读过的书中就属这本书最那个了！"
——《卡塞尔报》

警告!

请别怀疑，热力学定律并没有被打破，继续读下去你就知道为什么这么说了……

自白书

我叫格雷太尔·布朗，是约翰·贝斯勒家的一个女用人。我声明，我的主人是一个无赖，他造出来的那种机器是用来欺骗那些没钱的无知者的。他花光了他妻子所有的积蓄制造了这么一台机器，可是他从来没有让任何人看机器的内部——即使是那些吹捧他的科学家们也没有亲眼见过。为什么会这样？因为紧挨着这个机器有一个门，他在门后边装了一个摇把，这个摇把可以摇动"永动机"的轮子。要知道，每回有人来参观机器的时候，我都得在门后拼命地摇啊摇的。

哎呀，摇得我腰酸背疼的！

对了，千万别处死我啊，因为我只是干了主人吩咐的事情，整件事都与我无关！

确实是这样，约翰的机器依靠的还是老式的却很管用的一种能量——肌肉的力量。说到肌肉的力量，我们下一章就要讲了。我现在还不想给你讲得太清楚，这样，你还能保留着一份新奇，一份求知的欲望。

我在这里可以给你透露一点儿，这东西是热热的、冒汗的、都是你的……

用面包做"燃料"

这一章讲的是人的身体如何运用能量。对了，从这一章开始，难度就会大一些。你知道这是什么意思吗？难度大的意思就是说，从这一章开始，哈维·塔克就会懒懒地坐在电视机前，拿着爆米花边吃边看，你问什么问题他都懒得理你，所以你学起来肯定就很难了。

能量怪物档案

姓名：你的身体和能量

基本特征：

1. 人的身体是一台活机器，它可以把食物中的能量转化成动能，从而支配全身的肌肉。

2. 在肌肉所使用的能量中，只有四分之一用于运动，其余都变成热能，被身体消化了。

能量逸事：

你知道你身体里的能量是由很多小生物组成的吗？这些小生物曾经是有害细菌，继续往下读，你会发现更多可怕的细节……

运动

热能

我吃！

重体力运动

对于运动员来说，他每天的主要工作就是运动。2000年，来自肯尼亚的马拉松选手德加拉·拉勒普说，她之所以从事跑步，是因为她每天上学都要走10千米的路，如果迟到的话，是要受罚的。这样下来，每周就是要走200千米的路程。为了保证按时到校，她必须小跑上学，最后干脆也小跑着回家，只要上学，她都是这么做的。你想不想试试跟她一样呢？

说到运动，下面就给你讲几个故事，说的是哈维·塔克在度假时差点死掉的事。

特别想跳舞吗？

你可能特别羡慕20世纪30年代在美国举办的一次马拉松舞会。没关系，可以给你这个机会，但是你必须在参加之前了解一下跳舞规则。

对了，除非你累得倒下去了，否则你就必须一直跳下去。到最后，谁能够站得住，谁就是胜利者。

跳舞规则：1. 不许睡觉。2. 你必须不停地移动。如果有人跳舞速度不够快，就会被湿毛巾抽腿，就像马跑不快要用鞭子抽一样。3. 在跳舞的每1小时中，你可以休息15分钟，在这15分钟里，你可以上厕所，可以让别人为你做一些

医疗保健。4.如果你在马拉松舞会上累死了，你就会被取消资格，那么你所做的一切努力都会白费。

重要声明

我们刚刚发现，自从1937年有几个人在马拉松舞会上因为特别劳累而发疯了以后，美国就开始禁止举办这种活动。既然不让办，那么这个假期也就会被取消。如果有谁预订了这次舞会，将会获得全额退款……前提是，如果这个人知道我们把收到的钱都藏在哪里，才会退给他。

再告诉你一件事，20世纪40年代，一些地方又在秘密地举办马拉松舞会……

令人作呕的船上盛大舞会

　　警察突然搜查了一场非法的马拉松舞会。根据有关法律规定，那些跳舞者可能会进监狱，但是组织者仍旧把这些人召集起来，到货车上跳舞。

　　为了躲避警察，他们在货车上跳完康康舞后，又转到一个船坞跳起一种节奏特别快的舞。后来他们又转移到了一条船上，这条船把他们带出了美国领土。但是由于海上风浪较大，跳舞者大多晕船了，都像在跳狐步舞一样。一位跳舞者说："我在船上每走一小步都要呕吐一大摊！"

可怕的科学

健康假日

你认为对你来说马拉松舞会是小菜一碟吗？那么你为什么不试试西部各州耐力长跑？

在这类比赛里，你必须在一个比人的体温稍高的环境里跑上80 000米，而且还必须在10小时内完成比赛！

警 告！

在这种比较热的环境里，你的身体会变得非常干，体重可以减轻7％。

← 刚开始时

快跑完时 ↘

如果你参加过这种比赛，那为什么不再参加一下夏威夷铁人比赛？

1.游3800米　　2.骑自行车180 000米　　3.马不停蹄地跑42 200米的马拉松

警 告！

这几项比赛只给你一天的时间，所以你最好要加快速度，要不然你肯定赶不上我们的飞机，那你就只好横渡太平洋，自己游回家了！

所有这些重体力的运动都会带来一个问题，那就是：我们的身体是如何把食物中的能量转化成那些充满动感的动能的呢？学校里那些难以下咽的饭菜是如何帮你创造世界长跑大赛纪录的呢？（在这里我们不谈你把那些饭菜消化掉后被憋得要死要活，然后赶紧飞快地冲进一个厕所。）

最早的理论……

1. 300年前，科学家们认为，肌肉里面有很多火药，当这些火药爆炸时，肌肉就会动起来。这种理论听起来很愚蠢，但实际也有一定的道理，因为火药也是能源的一种，而且肌肉也确实是利用食物里的能量才动起来的（如果你不相信，就请读下面的内容）。当然，这种理论很快就被推翻了。

2. 法国化学家安托因·拉瓦锡（1743—1794）曾经对燃烧和呼吸这两种现象特别感兴趣。他指出，运动越剧烈，呼吸也就越急促。（我也这么认为，他要是错了，你就打死我。）拉瓦锡认为，一定是有什么东西在肺里面燃烧着，才会把食物变成能量，人才能做那么多的运动。

3. 还有一位科学家，叫作约瑟夫·拉格朗日（1736—1813），他说如果肺里有火的话，恐怕早就烧着了。我真希望即使你吃下一个特别火辣的辣椒，你的胸中也不会藏着一把火，要不然你的日子就不好过了。

4. 德国科学家尤斯图斯·冯·李比希（1803—1873）认为，是身体里蕴藏的生命的能量使肌肉动了起来。

但是，实际上这些聪明的、有思想的科学家都没有找到真理所在。要想知道身体到底是如何运用能量的，就必须认识到一个小的细节。小到什么程度呢？小到大约只有0.02毫米那么小，这个小玩意儿叫作细胞。如果你想了解更多关于细胞的知识，那就请你阅读下面这本非常难得的书，它是由著名的杰克尔博士和海德先生写的《身体的奥秘》。显然杰克尔博士是一个德高望重的人，可是当他吃了一些药之后，竟变成了一个热血沸腾的杀人怪物……

身体的奥秘

杰克尔博士和海德先生 著

前 言

杰克尔博士写道：亲爱的读者，欢迎你阅读我们这本关于身体奥秘的小书，我们敢肯定，你一定很喜欢里面的一些新奇的事实和非常有趣的图表……

杰克尔博士

海德先生

海德先生写道：呵呵呵！好好地读一读这本书吧，你这个坏小子，要不然我就会闯进你家里，把你的心给掏出来吃掉！啊，我还真馋了。哟，我真的特别饿啊！哈哈哈！

第一章 喂养细胞

杰克尔博士写道：你的身体是由好几兆个细胞组成的，这些细胞需要能量把蛋白质组合在一起。这些形成我们身体的东西里含有多种化学物质。

每个细胞都是一个极其微小的活机器，能够制造出1000个小单位的能量，这种单位的名称叫作线粒体。

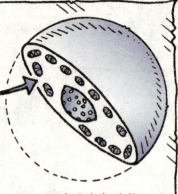

线粒体葡萄糖（葡萄糖是在一些食物，如面粉、面包、谷类以及各类精美的糕点中存在的一种非常美味的糖分）制造能量。

细胞的内部结构

啊哈！我要用糕点把杰克尔博士的鼻孔塞满！你身体里的细胞会从血液中吸取很多葡萄糖，所以如果想多要一点儿葡萄糖的话，就可以趁别人的血还热的时候喝他们的血！哈哈！

第二章
对身体有用的能量

关于线粒体是如何制造能量的说法有两个——一种说法比较简单，另一种有一些科学的说明。当然，作为一个科学家我更倾向于……

哎，我特别讨厌烦琐的说明，因为我一看见这东西就觉得眼晕。那些爱看详细说明的人都应该被切碎了喂猫去，是他们纵容了烦琐的存在！不管怎么样，你那些小线粒体制造能量总是能自动完成，不会让任何人烦躁。嗯，你说是吧？

为了便于更好地理解，我画了一张特别清楚的图，你一看就会明白的。

细胞是如何制造能量的

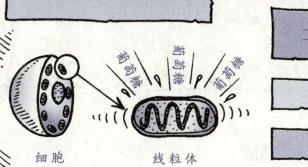

葡萄糖（由线粒体制造出来）+ 氧气（通过呼吸得到）

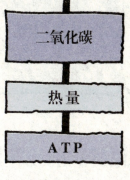

水分

二氧化碳

热量

ATP

细胞　　　　　　　　线粒体

ATP，又叫三磷酸腺苷，这是我们科学家常用的称呼，它是一种很可爱的小化学能量，存在于细胞中任何一个需要它的地方。它的任务就是制造能量来供给肌肉，或是制造新的细胞……

如果有人想从我这里逃走，他们的身体能够不用氧就生成能量，只不过由于没有充足的氧供给体内的细胞，他们会喘得很厉害。哈哈哈！他们身体里那些愚蠢的细胞以为不用氧可以生成能量就很了不起，可是他们不知道，如果没有氧，就不能生成足够的ATP，所以我能够很轻易地把他们抓住，然后把他们的眼球当球踢！哈哈！

你肯定不知道!

1. 当细胞在没有氧的情况下制造能量时，肌肉里面会生成一些乳酸。乳酸在酸奶里也大量存在，所以当人在抽筋或是肌肉拉伤时，感觉就像是往肌肉里倒满酸奶一样。你现在是不是觉得浑身都有点儿酸呢？

2. ATP里面含有磷酸盐，它是磷的一种形式，而磷又是在尿中发现的一种化学物质。就在你看这本书的时候，你的身体里流淌着大约90毫升的ATP。为了保证让你活着，你的细胞要一直不停地制造这种东西。

非常神秘的线粒体

1. 你的身体里一般情况下会有1000万亿个线粒体忙着生成能量，这样才使得你的身体能够正常运转。线粒体的个头太小了，你可以想象一下它小到什么程度，这么说吧，你可以在一粒沙子里塞进100万个线粒体。

2. 线粒体看起来就像是特别小的棕红色蠕虫，它们的繁殖方式比较特别，要想生成一个新的线粒体，就得把自己分成两半。科学家们认为，线粒体大概是在1万亿年前进入细胞内的细菌，刚开始时它们都是细菌，但是由于某种原因，这些细菌和细胞学会了融洽地相处。

好，那么我就提供食物和保护……

好的，那么我的责任就是把你变成能量。

这就是我们的交易!

这样的话，每当你吃饭、呼吸时，就相当于把外来的生命形态输入到你的身体里了！

3. 你的线粒体都是从你妈妈身上遗传过来的，这是因为，你的细胞里的线粒体是从你妈妈身体里的一个小卵子继承过来的。实际上，你身体里的能量水平取决于很多因素，如呼吸、饮食等，但主要还要看你妈妈能够遗传给你什么样的能量。

强有力的肌肉

不管你是肌肉发达还是瘦小枯干，你身体里真正需要能量的部位就是肌肉，因为肌肉的主要功能就是把体内ATP中的化学物质转化成运动能量。

下面给你讲一些有关肌肉的知识。

能量怪物档案

姓名：肌肉

基本特征：

1. "肌肉"这个词在拉丁语里就是"小老鼠"的意思。罗马人认为，肌肉在皮肤里运动时就像小老鼠在里面走来走去。

2.所有的肌肉都是由纤维构成的，纤维的作用就是对从大脑里传来的神经信号做出收缩性反应，当纤维放松时，肌肉也就跟着放松了。

3.这里讲述肌肉的几种主要形式。

收缩

放松

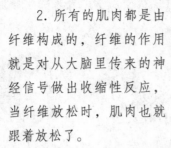

消化！

平滑肌 这种肌肉的运动就像食物在大肠里的运动一样，是人无法控制的。平滑肌并不是非常强壮。

我动！

横纹肌 这种肌肉可以让人的身体动起来，人也可以控制它。

能量逸事：

肌肉通常都以一对一对的形式存在，这成对的肌肉在功能上刚好相反——比如说，双头肌可以让胳膊弯曲，而三头肌则能让胳膊伸直。有些人的双头肌特别发达，以至于胳膊都不能伸得跟正常人一样直。

救命啊！

现在你已经了解了你的身体是如何将能量通过线粒体传递给肌肉的。这个过程真的是让人觉得惊奇啊！希望你还有足够的能量来做完下面的测试题。

7个有关超级能量的小问题

你应该能通过这个小测试，因为每个问题都只有两个备选答案。希望你不会觉得模棱两可。

1. 婴儿与大人最大的不同是：

a）有天生的中央供热器。

b）血液要凉一些。

2. 如果你看1个小时的电视，你的身体要散发出多少热量？

a）相当于一个电热器散发的热量。

b）相当于一个灯泡散发的热量。

3. 下面哪种表述是正确的？

a）懒人比勤快人寿命长，因为他们用的能量要少一些。

b）干重活不会累死（格里姆格拉夫博士经常这样告诫我们）。

4. 为什么小孩子看起来比大人精神头足一些？

a）因为小孩子生成能量的速度比大人要快。

b）各个年龄段的人生成的能量都是相同的，只不过大人比小孩子要懒一些。

5. 为什么有些人的体重会超标？

a）因为他们常常吃得过饱。

b）因为他们消耗能量的速度要慢一些，多余的能量都变成了脂肪。

6. 人的大脑在什么时候消耗的能量最多？

a）在进行科学测试时。

b）在做梦时。

7. 为什么人们在早晨会感到疲惫？

a）因为人们晚上没吃饭，所以身体很差。

b）因为这时候人的大脑缺乏葡萄糖。

答案

1. a）　是的，婴儿确实有中央供热器！婴儿身上有一种棕色脂肪（成人身体中棕色脂肪的含量要少得多），这种脂肪中的线粒体会产生一些额外的热量，可以保证婴儿的身体非常暖和。这也就是为什么婴儿的体温比成人高的原因。

2. b）　如果你出去跑一圈，那么你散发的热量就相当于10个灯泡；如果你打7分钟的球，散发出的热量可以把一升水烧开。

想打球吗？

不，我只是想喝杯茶！

3. b）　对不起你了，哈维·塔克！答案 a）是美国科学家雷蒙·皮尔（1879—1940）提出来的，他在1927年写了一本书，书名叫《为什么懒人活得长》。不过，皮尔自己并没有按他的观点生活，他一生写了700篇文章和17本书，可是他却活到了61岁，这个寿命应该也不短吧？！

4.a）儿童身体中的线粒体生成的速度相当快，它所产生的能量足以让人生龙活虎、活蹦乱跳，并且促进身体的发育。当人一天一天长大，线粒体生成的速度也会随着下降。当他们长到像老师那么大的时候，就再也不会喜欢到处乱跑乱跳了。

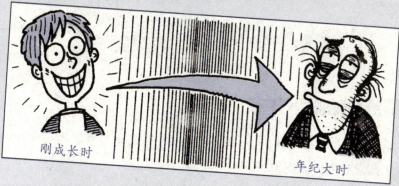

刚成长时

年纪大时

5.a）超重的人（也就是胖子）生成的能量要比瘦子多得多（你知道，要把一个瘦子变成胖子需要大量的能量）。有一种说法就是胖子吃得并不多。有人做过一项调查，接受调查的胖子都说自己吃得不多（不知道他们是不是说谎）。也许你会认为胖子确实比一般人吃得多，因为他们很贪吃，但是科学家们却发现，胖人只是比瘦子吃饭时间长一些，所以显得他们吃得多。

6.b）如果你在接受科学测试时睡着了而且开始做梦，这时你所消耗的能量确实比醒着的时候要多。如果你的老师发现你在接受科学测试时睡着了，你可以告诉她这一点，让她也长一点儿知识。

唛，嗯？噢，呃，我刚才一直在给我的大脑补充能量啊，老师，可是补得还不多，所以睡着了。

7. b）大脑需要葡萄糖来提供能量。人体血液里的葡萄糖含量只够维持1个小时左右，肝脏里却以肝糖的形式储存了一些葡萄糖，这样人才能够感觉正常。到了早晨，人的大脑处于饥饿状态，需要补充大量的葡萄糖，所以这时候人会感觉非常疲惫，醒来时会觉得头重脚轻。如果你这时候再不吃早饭，那你很可能感觉自己像一辆自行车——两腿像轮胎一样软绵绵的，哈哈！

打扰老师喝下午茶

下午3点左右，你可以轻轻地敲一下教师休息室的门，当门打开后，你先对老师调皮地一笑，然后问……

听说您的能量水平在一天中的这个时候就降下来了，是真的吗？

哎呀，嗯，哼，干吗呀！

答案

的确如你所说。美国加利福尼亚大学的科学家罗伯特·塞耶曾经访问过很多人。下面就是你的老师给你讲述他一天之中发生的事，刚好体现了以上所说的……

早晨7点：睡眼惺忪
醒来时感觉头晕眼花

科学，啪啪啪啪啪啪，家庭作业，聪明人。

中午11点：能量水平上升了

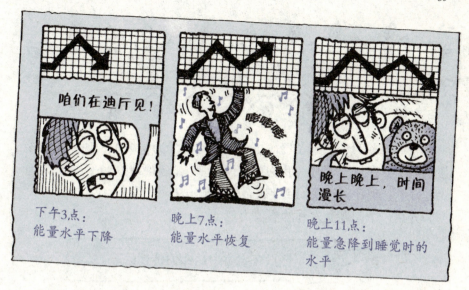

感到疲倦的人脾气通常都不太好，最好的治疗办法就是多做运动。这一点，我早就告诉过你，可你就是不听，要是早听我的……

当然，你的老师也可以不通过运动来使自己恢复体力，那就是喝一杯热茶。在这杯热茶里，有一些很有趣的东西。热气在扩散，沿着杯子蒸发的，热气又温暖着老师，最后，还会温暖整个宇宙。我说这话到底是什么意思呢？搞不明白了吧？那么现在就让我们把"热气"打开。

107

杀人的热量

较早以前我们谈到了冷（也就是缺乏能量的情况），现在我们该谈谈热了。在这一部分，我们要大谈热量，谈到沸腾为止，烧起来为止。好了，现在就让我们到宇宙最热的地方去看一看！

先用一个问题激发你的想象力吧。

> 热量在宇宙中是如何传播的？

哇！这个问题还真有些微妙呢！我们已经要求伯纳德·波义耳回来解答这个问题，希望他面对这个问题保持冷静……

可怕的科学提问时间

今天，我准备给你们讲讲热量是如何散开的。

这种散开是不是像奶油那样散开的呀？

希望那是一种能吃的能量。

热量

由于热实际就是振动着的原子，热量能随着原子之间互相撞击而从一个原子向另一个原子扩散传播，使原子振动得越来越快。我们科学家把这种振动传播叫作传导。

振动

原子

热量 →

如果有一种物质，热量能够轻易地穿透它，那么我们就把这种物质叫作导体——比如金属。

那我爷爷就是一个很好的导体……

是导热吗？

不是，是92路公共汽车。*

绝热体就不能算是一种好的导体，比如空气、塑料和我身上穿的这种时髦的羊毛衫工作服。

热量能够以对流的形式传播。热空气或热水的分子在受热时做分离式运动，我们把这种运动叫作"对流"。

它们为什么要分离呢？

受热后空气或水的重量比同等数量的空气或水的重量要轻，因为分量轻了，所以热的东西就往上升。

我们的老师不会升起来吗？他浑身都冒着热气！

最后，热量能够通过辐射传播。

光线

那就是说，当人们受到高能量的光线照射时就能够传播热量了？

109

* 在英语中，conductor既有导体的意思，又有售票员的意思。

传导的形式 传导和绝缘在我们的生活中显得很普通，没有什么特别的地方，我相信你无时无刻不在接触着它们。是的，它们就像泥土那样普通。如果你不相信，我可以向你证明。

你肯定不知道！

肥料堆积在一起，在冬天会散发热气。这种热能实际上是由好几百万个细菌组成的，它们都在疯狂地争夺着粪便。肥料本身包含大量的空气、水和一些半分解的植物，这些都是很好的绝热体，所以在它们内部能够很快聚集起大量的热气，温度越积越高，直到这些东西开始蒸发。你能够想象一团粪便上冒着热气的情景吗？

你肯定不知道！

　　第二次世界大战中，德国人入侵苏联。1941年11月，他们满以为就要占领苏联首都莫斯科了。但一夜之间，气温骤降，成千上万的德国士兵几乎都被冻僵了，他们那些被冻坏的腿都不得不锯掉。德国人当时都穿着钉着铁钉的靴子，这些铁钉导热性能非常好，把士兵们脚上的热量都给传递走了。而苏联人则穿着毛毡靴子，毛毡是一种压缩的羊毛，是绝好的绝热体，能够很好地保存热量。正因为如此，苏联人才会赢得这场战争，只留下德国人在那里感受腿脚钻心的疼痛。现在谈谈绝热体……

袜子遇到冰会怎么样

你需要的东西有：

1. 一个能晒到阳光的窗台或是一盏明亮的灯。
2. 袜子（不需要太干净，但必须保证没有臭味）。
3. 两个正方体冰块。
4. 两个茶碟。
5. 用以防止手指被冻伤的手套。

你需要做的事情有：

1. 戴上手套，把一个冰块放在一个茶碟上。

☠ 关于健康的严重警告！

　　如果这双袜子是你向你爸爸借来的，那你就要当心了。他可能会在看见这双袜子后把它穿上，而此时你的实验仍然在进行当中，还没有完成。这时你知道会有什么后果吗？你爸爸会感到很凉，他会以为你是恶作剧，以后你再张嘴找他要钱就很困难了！

2. 把另一个冰块放在袜子里，把袜子口系紧，然后把袜子放在第二个茶碟上。

3. 把冰块和袜子放在离灯泡15厘米远的地方。

4. 耐心等待45分钟左右。

你可能需要用一些书来垫高冰块，好让它的高度适中

嗯！我闻到了臭袜子味！

你观察到了什么？

a）两个冰块都融化了。

b）碟子里的冰块已经完全融化，但是袜子里的还没有。

c）袜子里的冰块已经完全融化，但是碟子里的还没有。

结 果：

b）袜子里的冰块应该只是半融化，没有完全融化。袜子是一种很好的绝热材料，如果把冷东西放到袜子里，袜子可以起到小冰箱的作用。下面就是你会看到的情况：

大部分热能都被袜子本身吸收了，而里面的冰块仍保持着一个比较低的温度

灯

穿上了外衣的绝热雪人能够"活"得更长

有人看见我的外衣了吗？

你具备科学家的潜质吗

1960年，美国空军在一些志愿者中开展了一项测试，目的是想测试出人到底能够承受多高的温度。结果真让人吃惊。结果表明，人能够承受的极限温度是260℃，这个温度比开水、比正在炸的牛排都要高很多（我希望这些志愿者都是一些爱头脑发热的人，这样在测试中他们会少受一些痛苦）。你知道他们在测试中都穿的是什么衣服吗？

a）他们穿着自己的天然皮衣，也就是赤身裸体、一丝不挂，什么都没穿。

b）他们穿着一整套衣服。

c）他们穿着防火内裤。

火！哎呀！先别动，我还没穿上防火内裤呢！

答案

b）当人们穿着衣服的时候，能够多承受大约60℃的温度，因为衣服隔绝了外部热量与身体的直接接触。

你肯定不知道！

在芬兰举行的世界桑拿冠军赛中，参赛者都必须坐在一个43℃的桑拿房里，这个温度跟一些沙漠的温度差不多。蒸桑拿的目的是把皮肤中的脏东西给蒸出来，可是参赛者却人人穿着泳装。组织者说，如果不穿上点儿东西来遮羞，那就显得太不文明了。

提醒你一件事，热浪袭来时，它的温度可能跟蒸桑拿时的温度差不多。那些要人命的热浪经常袭击美国南部地区，比如说，1980年的得克萨斯州达拉斯市，气温曾经上升到了37.7℃，数以千计的人们在这场酷热中丧生。当地保护儿童的官员说：

在过去的几个星期里，我们接到的类似报告一直呈上升趋势。如果你感觉到非常热，那么你就很容易发脾气。希望大家能够努力克制自己。

我可以给你解释一下为什么由保护儿童的官员来说这种话，那是因为一些脾气火暴的父母经常拿自己的子女撒气。所以我必须警告你，在你爸爸热得非常难受的时候，千万别找他要什么零花钱，要不然你就有可能挨他一顿揍。

我不要钱了还不行吗？

说到热浪，不得不提到一个地方，在这个地方就跟在蒸笼里一样，它是世界上最热的地方之一。热到什么程度呢？这么说吧，那个地方不断有人被热死。一个早期到那里的旅行者这样形容这个地方：

如果有人失去了生活的勇气，那么就请到这里来，因为它是离地狱最近的地方。

这个地方就是美国加利福尼亚州的死亡谷，《生活在边缘》杂志曾经想寻找一个无畏的、特别合适、特别勇敢的记者到现场报道这个地区的一些特征，可是却没有找到这么一个人，所以就有了下面的故事。

哈维·塔克历险记

我被编辑叫到了她的办公室，在来这里之前我就想好了一个推托的理由。"我去不了！"我向编辑一再强调，"别让我再回到北极地区了，要不然我会体温过低，我的所有脚趾都会被冻掉的！"

那位编辑抱着胳膊使劲摇头，说道："给我打住吧，你这个贪心不足的家伙。我们是不会再让你去北极的，你肯定不会体温过低。你可能会中暑，会被晒伤，会特别狂热，但是绝不会出现体温过低的问题！"

接着，她给了我下一步行动的安排，即弄清楚死亡谷的热量所产生的影响。"死亡谷！"听到这个名字，我吓得打了一个寒战，浑身都起了鸡皮疙瘩。或许我应该说打了一个"热战"？

但是正如我老爸以前常说的，我们塔克家族就像 一个坏了的猪肉馅饼，任何人都别想把我们吞下去！我不能让你一个编辑来嚼我的舌头啊，对不对？所以我对她说："没问题，我倒想去那里看一看，听说风景还不错呢！"然后，我就开始全身心地做准备、定计划了（实际上没做5分钟我就去看电视转播的比赛了）。我戴好了太阳镜，整整装了26个管装防晒霜和15个瓶装防晒霜，带上手提电脑，又拎了一箱冷饮，拿了6盒家庭装冰激凌。

我想，这些东西应该是够我在路上用了。然后，我还穿上了自制的防热服……

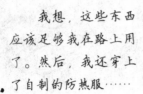

这就是我穿着防热服的样子

太阳镜

汗滴！   汗滴！

遮阳伞

第一天：虽然我们对这里的热已经有了一定的心理准备，但还是没有想到，这里的热完全不是我们所想象的那种，它绝对是另外一种热。我到那里一看，嗬！真是热死人啦！这里的温度高达48.8℃。我摇摇晃晃地来到了盐湖——这里是死亡谷最热的地方。没过多长时间，我就感觉我被烤得只剩下一副骨架子了。我想找一些阴凉，可是放眼一望，眼前一片白花花的，根本没有树的阴影。最糟糕的是，我带的冰激凌全都化了，根本没法吃！

我感觉到，我的肉体就像一个在烤箱里烘烤的汉堡，发出"唑唑"的响声。

无意中好奇的一瞥竟然让我看到了生命：一些昆虫被风吹到了湖面上，当然，我也是一条生命。可是这些昆虫也没有多长时间可活了。

我觉得这个鬼地方真是太让人难以忍受了！于是我蜷缩在我的遮阳伞下，忍着酷热去做一些研究工作。我从互联网上下载了一些信息，很快，我的手提电脑也被熔化了！因此我又看了一眼书，也许能从中找到格里姆格拉夫博士写的关于热量的一些内容……

第一种疾病已被探知

格里姆格拉夫博士　著

第二十一章
热量对身体的影响

过热和过冷对人的身体都不好。如果过热，身体会大量出汗，直到完全枯干，人体里的化学物质开始受到破坏，人会被热死。这个过程我们通常把它叫作"中暑"。

在一个叫作"呻吟多"的村庄，我进行了一些实践，但在那里我们并没有找到很多中暑的病例。这多少有些令人遗憾，中暑属于一种比较难找到病因的疾病。上星期，有个白痴来抱怨说感觉有点儿热："我的脸是不是特别红？"

"别像个傻子似的！"我对他说，"你是一个人，别以为自己跟朵花儿似的。"

感到有点热的傻子

中暑产生的症状其实很好概括，无非就是发烧、呕吐、头疼、干渴、头晕、皮肤干燥……以及失去知觉甚至死去。

发烧

头晕

头疼

干渴

皮肤干燥

呕吐

中暑的傻子

所以，根据以上症状，我可以给你一个忠告：有时候中暑的人在感到眩晕之后常常会晕倒。在我当军医的时候，那些在炎热的天气中长途行军的士兵们也经常中暑，中暑的士兵心脏跳动速度减慢，尿路不畅，也就是我们医生所说的不能"排尿"。

治疗的方法就是让他们在凉快的地方休息（我的方法是让他们在冷藏食品的地方），多喝一些流体，而我发现，水是最便宜的流体。大多数医生会告诫那些中暑者尽量避免重体力劳动，而我个人则认为，重体力劳动不会要一个人的命，所以通常情况下我会要求中暑者给我削土豆皮，供我在晚饭时做炸薯条用。我把这种治疗方法叫作"烹炸加实验"疗法，哈哈！

"对了，"我想，"我就是有点儿懒，我中暑了，走不动了！"就在那时，我看见一个好管闲事的科学家正好经过我身边，原来她在这里研究热量问题。她要求我每天喝下4.5升水，要不然我就会脱水。她说得太对了，我正在大量出汗呢。所以我把我所有的饮料都给喝完了——这些可都是泡沫丰富的饮料啊，所以喝下去后我一连6个小时都在不停地打嗝。最后，我找到了一个带空调的汽车旅馆。这里真像天堂一样！我高兴地跳进泳池，一下扎到了池底，

然后往上浮，只露出鼻子在水面上，就这样在泳池里一直待到了太阳落山。

第2—10天

由于我还没有完全恢复，所以接下来的几天我仍旧在泳池边度过。这个旅馆里有许多非常棒的冰镇啤酒、奶昔以及64种不同风味的冰激凌，这些都是顶级的精品（我觉得我应该每一种都尝一遍以便确定哪一种最好吃）！我敢肯定，如果《生活在边缘》杂志社的那些人来这里的话，他们一定不会自己付账。

刚刚收到的热门新闻……

地球正在变暖！科学家们十分肯定地认为，全球正处于这个变化当中，并且随之会给天气带来很复杂的影响。一些地方可能会出现干旱，而另一些地方则会洪水泛滥；一些地方会变得很热，而另一些地方却会变得十分寒冷。下面几种情况就是正在发生的变化……

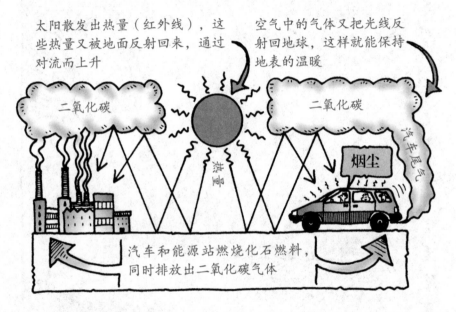

太阳散发出热量（红外线），这些热量又被地面反射回来，通过对流而上升

空气中的气体又把光线反射回地球，这样就能保持地表的温暖

二氧化碳

二氧化碳

汽车尾气

烟尘

热量

汽车和能源站燃烧化石燃料，同时排放出二氧化碳气体

这种情况就是"温室效应"，因为地表的气体会让热量散发不出去，就像温室里的玻璃保温一样。嗯，任何一本陈旧的科学书都会给你讲述"温室效应"的有关知识，但是你知不知道另一种使全球变暖的气体是甲烷呢？甲烷产生的一个主要来源就是屁——尤其是牛放的屁（它们比人类放的屁要多得多），还有一些吃木头的昆虫（就是白蚁）放的屁。

你再说一遍！

你说什么？

说清楚点！

嘟！　嘟！　嘟！　嘟！

在"温室效应"还没有产生特别大的恶果之前，它就已经被人类认识到了。爱尔兰科学家约翰·廷德尔（1820—1895）曾经指出了它所带来的各种可能性。廷德尔是一个古怪的科学老师，他曾在伦敦给皇室演讲时用能量来演奏大提琴，而演奏时根本没用手接触大提琴！

你具备科学家的潜质吗

那么，他是用什么东西做到这一点的呢？

a）激光产生的能量。

b）从大象鼻子喷出的气体所产生的动能。

c）人在地下室里演奏钢琴的声音通过柱子传出来时所产生的声能。

答案

c）声能通过柱子传递上来，拨动了大提琴的弦。

让人难过的是，廷德尔在一次偶然的事故中中了毒——他的妻子给他倒药时倒过了量……

提前告诉你一声，在下一章中你将发现杀人的温度，它使得全球都在变暖，显得很不友善。难道你现在没有听到后面的几页纸正被烤得发出噼啪声和喧闹声吗？马上就会变得很热了。消防队员做好准备了没有？

可怕的燃烧炉

如果什么东西碰上了热能，那么可能出现三种情况：

1. 如果这种东西是固体，它就有可能熔化成液体，就像前几页所讲的哈维的冰激凌和手提电脑一样。

化了！

2. 如果这种东西是液体，当它烧开时，就有可能变成气体。

冒蒸汽！

烧起来了！

3. 或者这种东西还可能烧起来形成火焰。

科学家们把前两种情况叫作"状态的改变"。从根本上说，之所以会出现以上几种情况，是因为热能使原子处于极不稳定的状态，移动的速度非常快，打破了相邻原子原有的状态。如果它们与相邻的原子靠得比较紧密，那么这时候就会形成液体，如果这两者为了追求冒险而分开，就会形成气体。

十分热切的原子

我们是分开呢，还是结合在一起？

招聘！

急需有能量的、喜欢追求冒险的原子。

加入我们的行列吧，生活可以蒸蒸日上！

但火却不同了……实际上，有一个很时髦的科学术语来形容它，叫作"燃烧"。

能量怪物档案

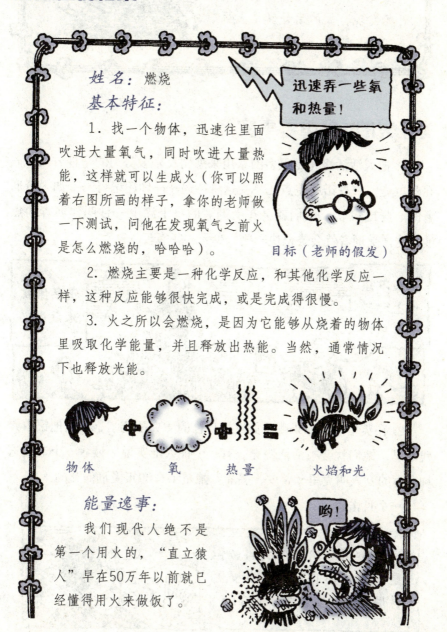

姓名：燃烧

基本特征：

1. 找一个物体，迅速往里面吹进大量氧气，同时吹进大量热能，这样就可以生成火（你可以照着右图所画的样子，拿你的老师做一下测试，问他在发现氧气之前火是怎么燃烧的，哈哈哈）。

迅速弄一些氧和热量！

目标（老师的假发）

2. 燃烧主要是一种化学反应，和其他化学反应一样，这种反应能够很快完成，或是完成得很慢。

3. 火之所以会燃烧，是因为它能够从烧着的物体里吸取化学能量，并且释放出热能。当然，通常情况下也释放光能。

物体　　　　氧　　　热量　　　　火焰和光

能量逸事：

我们现代人绝不是第一个用火的，"直立猿人"早在50万年以前就已经懂得用火来做饭了。

哟！

123

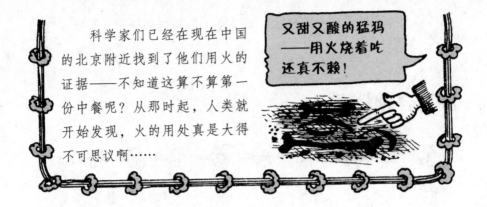

科学家们已经在现在中国的北京附近找到了他们用火的证据——不知道这算不算第一份中餐呢？从那时起，人类就开始发现，火的用处真是大得不可思议啊……

又甜又酸的猛犸——用火烧着吃还真不赖！

关于火的5个重要事实

1. 把人活活烧死是很多国家用来惩罚反宗教势力的一种方式——乔若拉莫·卡丹诺就差点儿享受这种待遇——你还记得吗？如果行刑者的心肠比较软，他们就会在受刑者的身上涂上一种叫作沥青的焦油，这样受刑者就会烧得快一些，少受一些痛苦。

你想不想涂上一些沥青啊？

请多给我来点儿！

2. 在英格兰，如果哪个妇女把自己的丈夫杀死了，或是把银币弄残缺了，她们就会被活活烧死。有一个证人证实说，最后一个遭受这种命运的女人叫克里丝蒂安·墨菲，她是于1789年受刑而死的。

一个目击者说：

她的举止非常端庄文雅，但是当她知道自己竟然要受这种刑罚时，显得十分震惊。

也难怪她会感到很惊讶——如果她是一个男子，她肯定会受到行刑迅速的绞刑。

3. 在古代，人们用火来行刑，除了焚烧以外，还有其他利用方式。在中国古代，罪犯会被放到油里煎。英国亨利八世国王（1490—1547）命令，犯人要被放到锅里活煮。

4. 考古学家们研究了赫库莱尼姆的废墟。这是古罗马的一个城镇，于公元79年被火山喷发所毁坏。那里的人们是被火山喷出的特别热的气体给烫死的。考古学家发现，这些人还在活着的时候，大脑就已经被烫得沸腾了。

5. 据说还有一些人会莫名其妙地变成一个火球烧起来——这种现象就是所谓的"人体的自燃"。引起自燃的一个原因可能是人类所放的屁里包含着一些气体，如磷化氢和甲烷等，这些气体都是很容易燃烧的。所以也许放屁能够导致人体的自燃，会这样吗？哎，就说自己是金子，也不能用这种方式来发光啊，是吧？

下面请你回答问题……

有人说，人的身体在达到600℃—950℃时就会燃烧起来，也就是说，如果人体起火焰的话，温度至少要达到600℃—950℃。但是人们发现，有一些自燃的受害者自己虽然烧成了灰，可是周围的事物却完好无损。这怎么可能呢？到底是怎么回事？

a）火的温度虽然很高，但它燃烧起来速度很快，不久就熄灭了。

b）火使得人体内部发生爆炸。

c）人体着火烧起来就像蜡烛燃烧时一样，它在高温状态时只是消耗着人体的脂肪，但并不会烧着别的东西。

答案

c）没有脂肪的部位往往会在一堆灰烬之中被保存下来。1986年，英国利兹大学的一位科研人员放火焚烧了一头死猪，得到的结果与上面所说的大致一样。这是多好的熏猪肉啊！

你肯定不知道！

人们一度认为，醉酒的人之所以会醉死，是因为酒精在他们体内像火一样燃烧。所以科学家尤斯图斯·冯·李比希（你还记得在前面讲到过这个人吗？）就曾经把死尸的一些部位浸泡在酒精中，然后放到火上烧，结果却烧不着。后来他又设法把老鼠灌醉了，然后放在火上烧，结果老鼠也烧不着。

☠ 关于健康的严重警告！

如果你把你们家的宠物大鼠灌醉了之后放在火上去烧，那真是一件既残忍又危险的事情。任何一个试图做这种事的人都会被监禁起来，直到他们不再威胁大鼠，才会被放出来。

咯！

你具备科学家的潜质吗

在太平洋很多岛上，印度、日本以及世界上很多地方，人们都会"渡火"（就是赤脚在灼热的石头上或炭灰上行走的一种宗教仪式）。他们会赤着脚穿过温度高达649℃的火堆，却不会把衣服烧着，也不会把脚烫伤。这怎么可能呢？这到底是怎么回事？

a）这都跟热量的传导有关。

b）他们的脚上有防火的皮肤。

c）他们都有魔法来保护。

答案

a）那些火堆都是炭或者石头，这些东西的导热性都不强，降低了热量传递到渡火者脚部的速度。而这些人的脚本身又是湿的，这也增加了人的耐火性。再加上渡火者通常情况下都是很快地从火上跨过，根本就烧不着脚。但是提醒你，尽管这样，你还是不要试图去模仿，虽然你很勇敢，但火会比你更勇敢。

☠ 关于健康的严重警告！

不要试着去做任何类似的事情——因为你可能不像渡火者那样幸运。

说到燃烧身体，我们还是再说说哈维·塔克吧。他这时已经从苦难经历中缓过神来，重新面对一项严峻的挑战。他能忍受这种奇热吗？

哈维·塔克历险记

"我再给你最后一次机会，你赶紧给我出发去工作。"那位编辑气呼呼地说道。我想她一定是因为要去支付我在那间又凉爽又舒适的汽车旅馆所消费的一大笔钱而非常生气。"你必须马上给我写一份消防演习的报道，要不然我就……这回你再也不能享受电视、互联网以及汽车旅馆了，就你一个人去！""什么？就我一个人去？"我倒吸了一口凉气。"是的，而且我希望下星期二你就把稿子交到我桌上！"我想，要是能上哪儿弄一张病假条就好了。

第一天： 真是毫不费劲！我一大早什么都没做，只是坐在舒适的椅子上，和消防队员们一起听着消防局的官员介绍火灾中应该做些什么。从他的介绍中我了解到，如果你在炸土豆片时锅子着火了，你可以把一块布蒙在上面，然后把能源切断。

午餐时： 哎，没想到听课也是一项艰苦的劳动！中午我来到餐厅，吃了6份豆子、香肠、鸡蛋和土豆片。消防队员个个都特别能吃，我也吃得特别饱！

下午：就让人不那么舒服了。消防长官开始喋喋不休地讲什么燃烧啊、灼伤啊之类的话题，他说什么一旦烧伤就必须马上用流动的冷水冲洗，如果情况恶化，就要接受医治。

接着他又向我们展示了一些人严重烧伤的部位，他说如果烧伤深达皮肤以下的地方，那么皮肤肯定是留不住的了。同时，如果血液不断从伤口流出来，人的心脏和肾脏也就不行了。然后，我们又看了一些被烧死的人，几乎每个人都看得很认真，只有我把眼睛闭上了，那情景真是太可怕了。如果你把这些死人抱起来，他们的肠子都会流出来，胳膊和腿也都会掉下来。真是惨不忍睹啊！

我觉得有些窒息，我需要出去呼吸一些新鲜空气。我把目光转向餐厅，想看看到底都

有些什么可吃的，结果我又看到了香肠。这让我想起了死人的肠子，于是又感到一阵恶心。我匆匆忙忙地离开了教室，用手捂着嘴，我觉得自己就要吐出来了！"好了，好了，哈维伙计，再忍一忍也就过去了。"我这么安慰自己。但是，事实证明我错了，还有更可怕的事在后头呢。消防长官宣布，明天我们将进行实地测试，要从一个真的着火的建筑中逃生！这让我进退两难：要是我参加这一课的话，可能就会被大火烧伤了，可要是不参加，我也会浑身起火——我有可能要被解雇，只得重新找工作。反正日子都不好过啊！

第二天：可怕的一天终于开始了。消防长官说："你可以想象一下，大火喷发出大量的热量，温度高达 $1000℃$ ，它是可以把人身上的衣服烧毁，烧焦人的皮肤，让人露出白骨。由于温度太高，那些水一从消防水管里冒出来就会变成一团蒸汽。"

我想象了一下——但我还是闭上眼睛尽力去想那些吃的东西，

因为我实在不敢想象那种可怕的场面。想吃的东西经常会使我冷静下来，可是这一回，也不知是什么原因，我竟然开始想象燃烧着的圣诞树了！

在我之前已经有10个人从测试中回来了，在经过了1个小时的漫长等待之后，终于该我上了。在训练学校有一个跟真的建筑一样大小的楼，消防队员们一般都在那里进行实地训练。我糊里糊涂地来到了一个房间里。

"把门关上！"消防长官通过话筒向我大声喊道。

我照着他说的做了，但是很快，大量烟雾就从门里涌了进来。

"用湿毛巾把门缝给堵住！"长官在外面向我发指令。于是我急忙找到一条毛巾，可是上面一滴水也没有，于是我大声向外面求助。

救命！

"洗脸池里有一个水龙头，拧开就有水啦！"

"可是我看不见啊，烟太浓了！"我大声嚷道。

不是我胆小，确实是这样的，我连自己的手指头都看不见了。说来也怪，就在这时候我找到水龙头了。我赶紧把毛巾弄湿，把它塞到门缝里，接着又把我全身都浇上水，我想，这回总该烧不着我了吧。

泼水！

"快从楼里出来吧，塔克！"长官又在外面向我咆哮。

我爬到窗户向下看，天啊，地面真是离我太远了，我像在天上一样！

"你让我干什么？"我非常焦急地问道。

"从窗户扔一个垫子下来，然后往下跳！"

这回我听清了，于是我照着他说的做，就差最后往下跳了。

"你还在等什么呢，胆小鬼？"长官又开始大叫，他努力走得离我近一些，想从浓烟中看清我的位置。

我根本听不清他说什么，因为我那时在发抖。

最后我还是闭上眼往下跳了，幸好当时长官在下边接我，我才没有受伤。其实我当时也知道他没有接我的意思，只不过我碰巧砸在他身上了，这一砸会让他在医院里躺上好几个星期……

继续"热"谈吧……

这次演习真是吓得我够呛，我想再没有比这更可怕的事情了，如果有，那就是真正的风暴性大火。这可是一个可怕的杀手，熊熊燃烧的大火很快就会把周围的空气都给吸过来，当然，它也会把旁边的人给吸过来。大火的温度可以达到800℃，足可以把玻璃和铅块都熔化掉，而且火势还可能向四周围的建筑蔓延，将它们化为灰烬。大火还会消耗掉周边的空气，那些没被烧死的人也会因为缺少空气窒息而死。

其实风暴性大火产生的温度还不是最高的，它与我们相邻的星球——太阳每天产生的大量热量相比，就真是小巫见大巫了。

能量怪物档案

姓 名：太阳能

基本特征：

1．太阳的能量主要是由引力产生的。在太阳的核心部位，太阳的引力把大量的氢原子挤压在一起，直到它们变成氦原子。

2．在这个过程中，太阳散发出大量的热能和光能，太阳中心的温度高达15 000 000℃，即使是太阳表面的温度也能达到5530℃。

光！

热！

1亿℃！天啊，我想我该把夹克脱下来了！

实验室

3亿℃！哇噻，我想我连短袖衫也要脱了……

实验室

3．以上这一切都还没什么。1994年，美国普林斯顿的科学家们曾经想用太阳能产生的方法来制造能量，于是他们把原子加热到510 000 000℃（没错，确实是5.1亿摄氏度）。

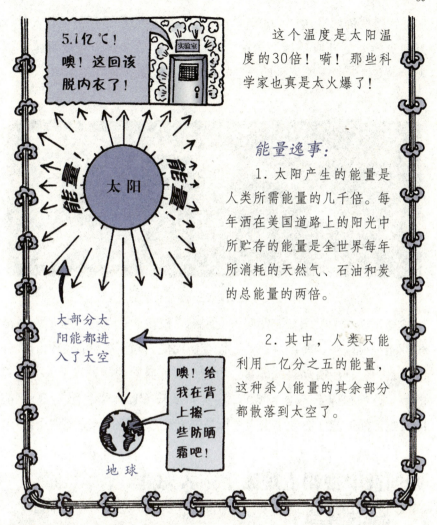

这个温度是太阳温度的30倍！嘀！那些科学家也真是太火爆了！

能量逸事：

1. 太阳产生的能量是人类所需能量的几千倍。每年洒在美国道路上的阳光中所贮存的能量是全世界每年所消耗的天然气、石油和炭的总能量的两倍。

2. 其中，人类只能利用一亿分之五的能量，这种杀人能量的其余部分都散落到太空了。

太阳这个词听起来太可怕了——不是吗

太阳这个东西听得多了，好像它也没什么特殊的，不过是浩瀚的银河系中100 000 000 000（1000亿）颗恒星中的一颗，而银河系也不过是已知空间中一千亿个星系中的一个。让我们回到宇宙的大爆炸时代去看一看吧，回到150亿年前宇宙起源的那个时代去瞧一瞧。

宇宙中所有的能量那时都浓缩于一点，这个点比一个原子还要小。这个点非常非常热，热得任凭谁都想象不出来。即使它冷却下来

133

一点，温度仍然高达10 000亿亿摄氏度。幸运的是那时还没有人类，否则我们人类真像是微波炉中的牛奶一样。后来这个点变得越来越大、越来越大，永无休止地大了起来，于是形成了现在的宇宙。

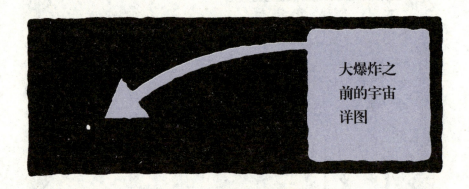

大爆炸之前的宇宙详图

还记得热力学第一定律吗？它说的是能量永远都是守恒的，但是各种能量可以互相转换，热能可以变成动能。对了，你能想到的所有的能量，包括所有动物的能量、电能、人体肌肉的能量以及人类心脏的跳动，都起源于宇宙大爆炸。其实，每天晚上，当你坐在电视机前的时候，你都能体会到宇宙大爆炸是怎么回事。是的，你能体会到。

如何在电视机上观察宇宙大爆炸

你需要的东西有：

一台电视机

你需要做的是：

1. 把电视机打开。

2. 把电视机调到一个无信号的频道。

你注意到了什么？

a）电视机上出现奇怪的外星人形状。

b）有很多小的光点在闪烁。

c）有一些看起来像物体爆炸一样的小图形。

答案

　　b）这些小光点是由微波形成的。对，就是你家微波炉中的那种微波能量，只不过这种微波自从宇宙大爆炸时代就已经存在了。这种微波是宇宙中那些巨大的能量穿越黑暗寒冷的空间后所剩下的最后一点儿东西，我敢说它可比那些电视节目有趣多了，这一点我们在本章的最后会讲到。

你不是说过要告诉我们宇宙的发展史吗？

这是一个特别精明的读者

　　哦，对不起，可能我有些走神了！那好吧，那只是一个很小的细节，所以我才忽略了，宇宙最后的结局是……

　　糟了，对不起呀，亲爱的读者，这一章讲的是宇宙，而要回答这个问题却要讲到宇宙之外的内容，所以要得到答案，你还必须继续往下看……

消逝的能量

到处都存在着能量——它存在于鸟儿的歌唱之中，存在于小草的舞蹈之中。它使我们感到温暖舒适，同时，它也是一个可怕的杀手。它还存在于你翻书的动作当中，存在于你喝茶时腾起的每一缕热气当中。能量是宇宙的脉搏，没有它宇宙就不复存在。宇宙大爆炸理论以及热力学定律为我们描绘了人类的将来。热力学第二定律特别暗示了一条可怕的信息——即能量在不断地丢失。下面就讲一讲苏格兰科学家詹姆斯·克拉克·麦克斯韦（1831—1879）是如何总结的：

如果你把一杯水倒入海洋，就永远不可能把这杯水收回来了。

这句话听起来很有道理——如果你不相信，可以亲自到海边去试一试，多试几次……

我的饮料呢？

麦克斯韦所说的意思是，人们对于宇宙的不了解和困惑会越来越多。

就像溶入到海中的那杯水一样，它再也不会自己跳出来形成原来的那杯水。这一点很明白，你可以想象一下你的卧室，我敢说你的卧室一定是一团糟，而且它也不会自己把自己弄得很整洁。

现在再回来谈能量问题。宇宙起源于一小点整洁有序的能量，那时它很整齐地待在一个地方。可是现在，这个小点变成了杂乱无章的星星和冰冷的宇宙空间，而且还在变得更加乱糟糟的。热力学第二定律讲的是能量一直都在以热能的形式不断丢失，那么丢失的那些能量又去了哪里呢？其实第二定律本身也包含着答案：热量一般都流向了它能到达的更寒冷的地方，它不断流失，一直流到了外太空。

一旦能量流失到太空中去了，就没有人能够把它重新找回来——从来没有，也永远不会有。这就意味着，总有一天，宇宙中所有的能量都会变成热能，流失到太空中。那些恒星会像蜡烛燃烧一样燃尽自己的生命，行星也会因为寒冷而消亡。最后，恒星和行星中残留的那些灰尘也会变成热能，然后继续流失掉。

这样说来，宇宙最终会变成一个特别稀薄寒冷的小原子团，漂浮在一团黑暗的空洞之中。时间依然会流逝，但是万物都不会再发生变化，也不会再发生任何事情。当电视机打碎之后，一切都变得比冬日的周末还要糟糕……

"找不同"比赛

宇宙的最后结局

关灯后的科学课堂

最终，能量的流失会导致宇宙的毁灭——如果它不是因为厌世而自杀的话。这个结果是不是太凄凉了？好了，还是来看看光明的一面——在这个周末到来之前，上述情况是不会发生的。科学家认为，这种情况至少要在1 000 000 000 000 000 000 000 000 000 000 000年之后才会出现，这样，我们人类有足够的时间去把那些丢失的能量找回来，或许，我们还能找到一个适合人类居住的新宇宙呢！也许，我们还能找到一种新能源。那些相信UFO（不明飞行物）是外星人航天器的人宣称，他们可以找到某种反重力的力量，这样就有可能从某个地方得到能量，也许有一天我们能够找到……

你肯定不知道！

1878年，大发明家托马斯·爱迪生（1847—1931）曾经想发明一种反重力的内衣，穿上它，人就能够在空中飘浮。当时的一幅图画就表现了一位父亲牵着他飘在空中的孩子们。

等等，你想不想穿着一条让人不落地的灯笼裤飞到学校啊？

但是，目前比较急迫（或者说是比较严重）的是，我们现在正处于一个能源紧张的时代，一方面我们非常缺乏石油和天然气，另一方面是因为温室效应使得我们生存的地球在变暖。为了解决这个问题，科学家们正在努力寻找各种各样的方法，但是不管他们怎么做，有一点是必须做到的，那就是应该尽快开发可再生能源，如太阳能、地热能和风能，因为这些能源永远不可能像化石能源那样被耗尽，也不会排放出导致全球变暖的气体，它们是非常环保的。

但是，由于世界人口已经发展到这个数量，很多人开始到太空中去旅行，人类将会需要更多的能源。下面就是未来可能发生的一些事情：

太阳的超级卫星在空中翱翔！

科学家们为一颗成功围绕太阳运行的大卫星所激动。这颗卫星收集起空中的能量，然后以微波的形式传递给地球。一位专家说："我们已经开始从这个计划中受益了！"

为了寻找用于行星探测的新能源，人们今天已经发现，在行星间飞行的航天器可以用燃料舱来供给能源，而这种燃料舱是靠吃宇航员腐烂的排泄物中的细菌来生成能源的。美国密执安州立大学的科学家们已经于2000年启动了这个项目，一位科学家说："我们认为这个设想带有一点屎臭味——可实践却证明它太有创意了。"

放屁

超级油箱的动力喷薄而出！

超级油箱的动力竟然可以喷薄而出！汽车制造商们情不自禁地为第1000万辆使用超级油箱的汽车欢呼叫好。

2000年，这种油箱在美国宾夕法尼亚大学被发明出来。它能够发电，可以给汽车供应多种能源。我们的汽车记者报道说，这种油箱可以让汽车行驶好几千千米。

这是我们"骂"出去的第1000万辆，噢，是"卖"出去的！

微小的燃料箱

有一点可以肯定，科学的发达使人们对能源的探索和认识也越来越深。也许有一天，凭着人类的智慧，我们可以找到一种好办法，把那些杀人的能量变成对人类有用的能源，这样，人类社会还将会有一个大发展。

我要为这一天的到来干杯！

疯狂测试

能量怪物

现在看看你是不是能量方面的专家！

你感觉精力充沛吗？插入能量，做好准备，试试从这些可怕的能量测试中寻找答案吧。

无处不在的能量

能量无处不在，它总是从一种形式转变成另一种形式，但是你把握住所有不同的形式了吗？请将下面奇特的能量与它们奇怪的来源进行对对碰吧。

1. 势能

2. 热能

3. 电能

4. 化学能

5. 动能

6. 重力能

7. 核能

8. 声能

a）当你在可怕的科学课上打鼾的时候，你会产生的能量

b）在暴风雪中点灯会引发的能量

c）你在骑车的时候会用到的能量

d）你在从车上下来的时候会用到的能量

e）香蕉和花生黄油三明治中充满的能量

f）橡皮筋在弹向老师之前产生的能量

g）当大气以超声速互相碰撞时产生的能量

h）当你追赶汽车的时候，会在汗液里流失的能量

这道题太简单了！你要是拿不准的话，去找老师问问吧。哦，别忘挡住上面的f）选项。

神奇的燃料

没有燃料，生活会变得非常不同。你将不能跟你的父母一起看无聊的电视连续剧；牙医的钻孔机也不能工作；你不能准时骑车到学校上可怕的科学课……但如果你认为世界没有燃料会更有趣的话，做做下面的测试，然后再想想……

1. 我们依靠化石燃料做许许多多日常的事情，但下面哪项不是化石燃料？

a）太阳

b）天然气

c）牛粪

2. 假如你想从沙发到厨房去偷袭饼干箱，ATP是你体内储存的一种化学燃料。ATP代表什么？

a）腺状体

b）三磷酸腺苷

c）增加能量

3. 一公斤可怕的铀原子可以把多少头大象扔到空中？

a）2亿头

b）200头

c）2头（而且是小象）

4. 法国一个水泥公司在生产过程中发现一种利用原子再循环的方法。他们用来点炉子的神奇的新燃料是什么？

a）用过的尿布

b）用过的厕纸

c）擦鼻涕的纸巾

5. 我们用火柴划火柴盒侧面的时候，是哪种奇怪的化学物质能在空气中明亮而短暂地燃烧？

a）氧气

b）金子

c）磷

6. 哪种基本可再生燃料来自地下，并且应用来自地表下熔化的岩石的热量？

a）水电

b）地热

c）甲烷

7. 哪种糖分可以用来生产生物燃料乙醇？

a）甘蔗

b）棉花糖

c）蜂蜜

1. b）；2. b）；3. a）；4. a）；5. c）；6. b）；7. a）。

可怕的热和冷杀手

科学家们花了好多年来琢磨冷和热是如何影响大自然中的一切的。在这个过程中，他们提出了一些疯狂的观点和一些令人难以置信的发现。你能判断出下列陈述是正确还是错误的吗？

1. 你可怕的身体半个小时散发出的热量足以煮开一锅水。

2. 这个可怕的宇宙中的每件东西都在变得越来越热。

3. 宇宙空间很冷，宇航员的小便从火箭的厕所中排放出去马上就会结冰。

4. 你的肌肉把你摄入的食物燃料的90%转化成动能——剩下的转化成能够让你脸红的热能。

5. 冰山会唱歌。

6. 你黏稠的唾液的沸点是常温水3倍的温度。

7. 如果在雪中待过长的时间你肯定会感冒。

8. 起鸡皮疙瘩是使你身体变暖的方法。

答案

1. 正确。当你正好抱着个水壶的时候谁需要来泡一杯茶呢？

2. 错误。每样东西都在不断地散热。要烤东西就必须加热。

3. 正确。对你来说那只是一个非常非常小的空间。

4. 错误。只有1/4变成动力，剩下的都变成了黏稠的汗液。

5. 正确。它们可能不会赢得什么表演秀，但它们摩擦碰撞产生的噪声听起来有点像很酷的合唱队。

6. 正确。但是不要试着把你的舌头放进锅里。

7. 错误。极度的严寒能杀死细菌，所以你在南极不会流鼻涕。

8. 正确。鸡皮疙瘩能让你的头发竖起来，这会帮助你保存热量。

与科学家相遇

几个世纪以来，科学家们进行了许多有关能量的实验，反反复复研究热力学定律。他们有时成功，有时失败。根据下面的提示，你能把科学家与他的发现进行对对碰吗？

1. 正对钻孔机感到烦闷的时候，发现一门炮弹正在升温，这个让人头晕的科学家意识到热不是一种物质——而是由钻孔机摩擦引起的能量。（他的发现很让人讨厌！）

2. 很多热空气让这个烦躁的发明家去弄明白蒸汽是如何把水从矿里抽出来的。（但他做这个实验的时候是醉醺醺的。）

3. 一件关于茶壶的趣事导致了这个奇怪的苏格兰科学家发现了燃烧的煤释放的气体可以用来产生热能和光能。（这当然刺激了他作为一个发明家的想象力。）

4. 这个德国天才医生取得了一个惊人的发现，那就是把你的嘴里塞满食物会给你足够的能量去动。（实际上，很显然这会流血。）

5. 特别关注温度的人应该能记住他那颇有纪念意义的名字。

6. 这个奇怪的数学家计算出，没有东西能比绝对零度还冷。他的名字成为国际单位制的基本单位。（酷吧？）

7. 通过用蒸汽带动涡轮，这个爱尔兰发明家让船能够快速地航行。

8. 这个瑞典发明家在照明方面有了新的发现——他想出用储存的磷能量点燃火柴。（他真是一个聪明人。）

a）威廉姆·汤姆森，开尔文勋爵

b）查尔斯·帕森

c）本杰明·汤普森，拉姆福德伯爵

d）丹尼尔·华伦海特

e）约翰·兰兹特洛姆

f）威廉·默多克

g）尤利乌斯·罗伯特·迈尔

h）托马斯·萨弗里

1. c）；2. h）；3. f）；4. g）；5. d）；6. a）；7. b）；
8. e）。

"经典科学"系列（26册）

肚子里的恶心事儿
丑陋的虫子
显微镜下的怪物
动物惊奇
植物的咒语
臭屁的大脑
神奇的肢体碎片
身体使用手册
杀人疾病全记录
进化之谜
时间揭秘
触电惊魂
力的惊险故事
声音的魔力
神秘莫测的光
能量怪物
化学也疯狂
受苦受难的科学家
改变世界的科学实验
魔鬼头脑训练营
"末日"来临
鏖战飞行
目瞪口呆话发明
动物的狩猎绝招
恐怖的实验
致命毒药

"经典数学"系列（12册）

要命的数学
特别要命的数学
绝望的分数
你真的会＋－×÷吗
数字——破解万物的钥匙
逃不出的怪圈——圆和其他图形
寻找你的幸运星——概率的秘密
测来测去——长度、面积和体积
数学头脑训练营
玩转几何
代数任我行
超级公式

"科学新知"系列（17册）

破案术大全
墓室里的秘密
密码全攻略
外星人的疯狂旅行
魔术全揭秘
超级建筑
超能电脑
电影特技魔法秀
街上流行机器人
美妙的电影
我为音乐狂
巧克力秘闻
神奇的互联网
太空旅行记
消逝的恐龙
艺术家的魔法秀
不为人知的奥运故事

"自然探秘"系列（12册）

惊险南北极
地震了！快跑！
发威的火山
愤怒的河流
绝顶探险
杀人风暴
死亡沙漠
无情的海洋
雨林深处
勇敢者大冒险
鬼怪之湖
荒野之岛

"体验课堂"系列（4册）

体验丛林
体验沙漠
体验鲨鱼
体验宇宙

"中国特辑"系列（1册）

谁来拯救地球